孙统义　孙继鼎　著

車村帮与徐州传统营造技艺

九十七岁和方

56 东南大学出版社
SOUTHEAST UNIVERSITY PRESS

·南京·

图书在版编目（CIP）数据

车村帮与徐州传统营造技艺 / 孙统义, 孙继鼎著.
南京：东南大学出版社，2024.12. --（建筑遗产保护
丛书 / 朱光亚主编). -- ISBN 978-7-5766-1799-3

Ⅰ. TU-092.953.3

中国国家版本馆CIP数据核字第202402F780号

车村帮与徐州传统营造技艺

CHECUNBANG YU XUZHOU CHUANTONG YINGZAO JIYI

著　　者：孙统义　孙继鼎
策划编辑：张　莺　　责任编辑：戴　丽
责任校对：韩小亮　　封面设计：王　玥　　责任印制：周荣虎

出版发行：东南大学出版社
社　　址：南京市四牌楼2号　　邮编：210096
网　　址：http://www.seupress.com
出 版 人：白云飞

印　　刷：徐州绪权印刷有限公司　　排版：南京布克文化发展有限公司
开　　本：890 mm×1240 mm　　1/16　　印张：20　字数：338千字
版 印 次：2024年12月第1版　2024年12月第1次印刷
书　　号：ISBN 978-7-5766-1799-3　定价：198.00元

经　　销：全国各地新华书店
发行热线：025-83790519　83791830

作者简介

孙统义，1945 年生，江苏徐州人，江苏省非物质文化遗产项目徐州民居传统营造工艺代表性传承人，青年时期跟随徐州传统营造技艺的著名流派车村帮的胡传会等师傅学习技艺，改革开放后，积极参与徐州地方传统建筑营造和修缮工作，并于2000 年成立了徐州对外文化古建园林分公司，后改名为徐州正源古建筑园林研究所并担任所长，2006 年又成立了徐州清源古建园林营造有限公司，先后主持完成了徐州户部山余家大院、崔家上院、李家大楼，徐州丰县程子书院等，以及邳州土山镇关帝庙等多项传统建筑的修缮工程。2006 年荣获中国建筑行业百名英才奖；2011 年荣获中国建筑文化研究会"罗哲文奖"（十大杰出人物）荣誉称号；同年被全国促进传统文化发展工作委员会授予"中国古建筑营造大师"称号；2018 年荣获江苏省科协"科技先进工作者"称号，同年获中国勘察设计协会传统建筑分会授予的"优秀传承人"称号，并被中国勘察设计协会传统建筑分会授予"传统建筑行业大工匠"称号。2005 年起，孙统义给徐州建筑职业技术学院设计建造了教学实训室，亲自为古建班的学生授课，并在徐州的中国矿业大学（徐州）担任兼职教授，指导中国矿业大学建筑学专业学生学习、研究徐州古代建筑遗产。

　　孙继鼎，江苏徐州人，1994年高中毕业，在其父亲孙统义的引导下从小工做起，开始学习车村帮传统营造技艺。在艰辛的工作中学习认识各种材料的应用，磨炼意志、锻炼体力，三年后又跟其父亲学习石作、瓦作、木作实际操作技艺，还跟一位周姓师傅学习工程的预决算工作。1999年受徐州市文化局委托，参加徐州户部山余家大院修缮保护工程，在工作当中结识了徐州市设计研究院的著名建筑师翟显忠先生，跟随学习古建工程绘图设计，逐渐掌握了手绘图纸的基本功。又经朱光亚教授推荐到东南大学学习，掌握了电脑制图。2000年经李良姣老师推荐到北京两次参加有关部门承办的古建园林专业学习培训，后来又拜著名古建专家马炳坚为师，成为马炳坚先生的得意弟子。时至今日从口传心授到广吸博纳已经27个年头。

　　2010年开始担任徐州正源古建园林研究所副所长，徐州清源古建园林营造工程有限公司副总经理、工程师。2018年担任徐州正源古建园林研究所所长、工程师、文物责任设计师。孙继鼎在《古建园林技术》《徐州土木建筑》等杂志上发表过"徐州民居的屋脊与屋面"等多篇论文。2010年9月和父亲孙统义出版专著《徐州崔焘故居上院修缮工程报告》一部。2007—2015年连续9年获得徐州市土木建筑学会优秀工作者称号，2008年获中国民族建筑事业优秀人物奖和古建筑规划及设计创新人物奖，2009年获中式建筑规划及设计创新人物奖。

序一

继往开来，努力建立建筑遗产保护的现代学科体系 [1]

建筑遗产保护在中国由几乎是绝学转变成显学只不过是二三十年时间。差不多五十年前，刘敦桢先生承担瞻园的修缮时，能参与其中者凤毛麟角，一期修缮就费时六年；三十年前我承担苏州瑞光塔修缮设计时，热心参加者众多而深入核心问题讨论者则十无一二，从开始到修好费时十一载。如今保护文化遗产对民族、地区、国家以至全人类的深远意义已日益被众多社会人士所认识，并已成各级政府的业绩工程。这确实是社会的进步。

不过，单单有认识不见得就能保护好。文化遗产是不可再生的，认识其重要性而不知道如何去科学保护，或者盲目地决定保护措施是十分危险的，我所见到的因不当修缮而危及文物价值的例子也不在少数。在今后的保护工作中，十分重要的一件事就是要建立起一个科学的保护体系，从过去几十年正反两方面的经验来看，要建立这样一个科学的保护体系并非易事，依我看至少要获得以下的一些认识。

首先，就是要了解遗产。了解遗产就是系统了解自己的保护对象的丰富文化内涵，它的价值以及发展历程，了解其构成的类型和不同的特征。此外，无论在中国还是在外国，保护学科本身也走过了漫长的道路，因而还包括要了解保护学科本身的渊源、归属和发展走向。人类步入 21 世纪，科学技术的发展日新月异，CAD 技术、GIS 和 GPS 技术及新的材料技术、分析技术和监控技术等大大拓展了保护的基本手段，但我们在努力学习新技术的同时要懂得，方法不能代替目的，媒介不能代替对象，离开了对对象本体的研究，离开了对保护主体的人的价值观念的关注，目的就沦丧了。

其次，要开阔视野。信息时代的到来缩小了空间和时间的距离，也为人类获得更多的知识提供了良好的条件，但在这信息爆炸的时代，保护科学的体系构成日益庞大，知识日益精深，因此对学科总体而言，要有一种宏观的开阔的视野，在建立起学科架构的基础上使得学科本身成为开放体系，成为不断吸纳和拓展的系统。

[1] 本文是潘谷西教授为城市与建筑遗产保护教育部重点实验室（东南大学）成立写的一篇文章，征得作者同意并经作者修改，作为本丛书的代序。

再次，要研究学科特色。任何宏观的认识都代替不了进一步的中观和微观的分析，从大处说，任何对国外的理论的学习都要辅之以对国情的关注；从小处说，任何保护个案都有着自己的特殊的矛盾性质，类型的规律研究都要辅之以对个案的特殊矛盾的分析，解决个案的独特问题更能显示保护工作的功力。

最后，就是要通过实践验证。我曾多次说过，建筑科学是实践科学，建筑遗产保护科学尤其如此，再动人的保护理论如果在实践中无法获得成功，无法获得社会的认同，无法解决案例中的具体问题，那就不能算成功，就需要调整甚至需要扬弃，经过实践不断调整和扬弃后保留下来的理论，才是保护科学体系需要好好珍惜的部分。

潘谷西

2009 年 11 月于南京

序二

楚风汉韵的徐州地区的古代建筑是什么样子又是如何建造起来的,是学术界始终关心的问题,由于战争和黄河泛滥,徐州地区早期的古代建筑除了埋藏在地下的汉墓外,就只剩下清代以后的若干民居和极少的庙宇了。世纪之交,学术界得以抽身关注这一问题,但只能是一种外在的观察式的研究,是从既有建筑遗存来推测其建造技艺的。究竟实际操作层面如何进行只能是从结果来倒推原因和过程了。如今孙统义先生的《车村帮与徐州传统营造技艺》一书的完成终于扭转了这一局面。

徐州正源古建园林研究所所长孙统义先生出身工匠,后又投身文化部门工作,不仅熟稔徐州传统建筑工艺,能够从操作层面对建筑过程做出独特的分析,而且深知这一工艺对于当代文化传承的重要性,更是在改革开放后的振兴传统建筑文化的过程中组织队伍从设计、施工、材料生产多个层次热情投入,为徐州市建筑遗产的修缮做出了重要的贡献并在这一进程中深入地调查和分析研究了徐州古代建筑遗存的状况,因而其著述言之有物,其所述技艺过程具体而明确。

正是在孙统义先生的整理下,"车村帮"这一徐州的传统建筑行帮的名称闪耀出它的历史光芒,这是江苏省继苏州香山帮后第二个被后人记载下的传统工匠帮派。又如用以描述徐州地区特有的木屋架的术语"重梁起架"也是由孙先生根据自己师傅口授的名称命名的,这使得这种类似欧洲豪氏屋架式的木构架回归到乡土文化的层面,也便于我们去寻找它与徐州地区早期建筑的内在联系。可以说具有本底特色的此书的出版可以更深刻地反映徐州封建社会晚期以来的建筑遗存的建筑工艺特征,也将为我们从接近原生态的角度认识徐州传统建筑提供一种工具。

徐州一直是南北东西的通衢和兵家必争之地,"龙吟虎啸帝王州,旧是东南最上游",清人邵大业这两句诗勾画出徐州在江苏的地位,江苏南北文化差异甚大,区别于苏中和苏南,属于夏热冬冷地区,徐州地区在建筑气候区划图中属于寒冷地区,是江苏五个建筑文化分区中最北部的一个,因而在江苏徐州的古代建筑必然是十分有个性的，十分值得珍惜的。孙统义先生的著述为深入认识徐州古代建筑的全貌提供了基础，我希望，随着考古和历史学的新的发现和新的研究成果，江苏和徐州的学者能够让我们对徐州地区古代建筑的认识更加丰满。

朱光亚

2020 年 9 月 2 日于石头城下

序三

喜闻孙统义先生的专著《车村帮与徐州传统营造技艺》即将出版，我以一个同行和老友的名义向他表示热烈祝贺！

徐州地区水系发达，过去平原地区村镇经常被淹；历史上河南、安徽捻军，江浙太平军多年攻袭骚扰不断，具有特殊的地理条件和社会环境。以车村帮为代表的一代代工匠在与天、与地、与人奋斗的实践中，创造出了独具风格的村庄和房屋选地建造模式以抵御兵灾水患，逐步形成了具有地方特色的民居营造文化和技艺。

孙统义先生为车村帮技艺传人，15岁拜师学习传统营造技艺，至今已60多个春秋，曾先后发起成立地方古建园林研究会，组织古建园林工程队，1993年以复兴地方特色传统建筑文化为宗旨，创办"正源古建园林研究所"，自筹资金，亲身授徒，培养出一批具有初、中、高等级资质的上岗工匠，打造出一支集研究、设计、施工为一体的古建园林建造队伍，使这门独具特色的传统营造技艺得以发扬光大。《车村帮与徐州传统营造技艺》便是他对徐州地区传统建造技艺的系统研究和总结。

2012年，在"中华建筑文化复兴与发展研讨会暨《古建园林技术》杂志工作会议"上，我曾经提议要编一部《中国地方传统建筑营造大典》，目的是对我国不同地域、不同民族各具特色的地域建筑和民族建筑进行全面系统的调查研究，整理总结，使中华民族丰富多彩的建筑文化和技艺得以传承和延续，从而实现《中华人民共和国城乡规划法》提出的"保护耕地等自然资源和历史文化遗产，保持地方特色、民族特色和传统风貌"的宏伟目标，使中华大地的城乡建设能沿着中华民族特有的文化基因和脉络健康向前发展。

数年来，已有湖北、河南、广东、西藏等地的专家、工匠陆续在研究整理本地区特色传统建筑的技艺，孙统义先生的《车村帮与徐州传统营造技艺》便是一朵报春的鲜花。

该书内容涉及全面，涵盖源流、选址、地基基础做法、砖石砌筑工艺、木结构梁架制作、屋面挂瓦、脊兽安装、地面铺设、挑土墙和苫草技术、油饰彩画技术等，可谓应有尽有，一应俱全，是一本传承徐州地区传统民居建造技艺的成功之作。

相信在孙统义先生及各地区有识之士的共同努力之下，我国地方传统建筑技艺传承工作必将得到长足发展。

祝贺此书早日付梓！

马炳坚

2020 年 12 月 31 日于京华营宸斋

目录

上篇　车村帮沿革及其所代表的徐州营造技艺成果

1　车村帮及其近、现代传承

1.1　车村和车村帮的发展简史

在徐州市西北部，处于北接山东、西与西南毗邻安徽和河南四省通衢之地，分布着不少集镇，其中一个叫刘集镇（刘集镇地理位置见图 1-1 所示）。刘集镇辖区内有一个村叫车村，是远近闻名的建筑之乡。据车村帮传人张氏家族的族谱记载，宋朝时期，张家已经来到徐州一带，根据族谱所记载在第十世张氏出生在 19 世纪末倒推，大约在明末至清初，张家的一世公张国佐来到车村，亦农亦工，因为技艺出色，不断承接各类农房和宅邸的建设，并授徒传承。到了四世公时张氏从业弟子就有 13 人，至六世公、七世公时连异性弟子已有三四十人之众。到了民国时期，车村帮传到了第十代传人张培恭、张培谦和张培让的手中，弟兄三人皆有一身技艺，号称张氏三杰。但时乖运蹇，战乱频仍，张氏仍需依靠农耕保持基本生活水准，长兄张培恭租种了地主在富窝村的土地，举家迁至富窝村，老二和老三留在了车村，车村帮的张姓子

图 1-1　刘集镇和徐州的关系图

弟也就一分为二，有大工程时合作承接，小工程则各自负责。车村的工匠队伍由老二张培谏带领，张培谏（1890—1958年）天资聪颖、技艺精湛、处事沉稳，威信很高。张培谏本人一共收了8个徒弟，大徒弟杜庆标和小徒弟胡传会都十分突出。正是在张氏三杰阶段，车村帮走过了从旧中国到新中国这一近代中国社会最为动荡不安、贫穷落后却艰苦卓绝、发奋图强的时期，经历了由手工的传统建筑营造向工业化生产的现代建筑营造的转型，也目睹了传统营造技艺从兴盛走向衰败的过程（图1-2至图1-4）。

　　徐州是陇海铁路和津浦铁路的交会点，铁路站房、仓储、邮局、银行、学校等新的公共建筑类型出现在徐州，并带动了徐州建筑体系的转型。车村帮张氏三杰参与了这一社会转型的空间营造过程，抗战胜利后张培谏在张培恭和张培让协助下，承接了铜北县政府委托的建设烈士祠和辅助建筑（现郑集中学校址）的任务，工程历时三年完成。当时的铜北县政府先后在郑集和奎山的办公建筑也是由车村和郑集的两支车村帮工匠队伍承接完成的。

　　20世纪50年代以后，传统的私人的营造厂转变成为国营或公私合营的建筑企业，徐州市成立了徐州建筑合作社，张培谏担任了社长，这就是著名的徐州建筑公司的前身，1958年张培谏病逝，其弟张培让继任。张氏三杰的徒弟们则成了铜山县等徐州各级建筑公司的骨干。刘集和郑集被认定为建筑之乡，刘集和郑集的建筑队伍走向了整个徐州地区。车村帮的传统营造技艺既自成体系，又能接受建筑新材料和新技艺，以此构建了近代徐州地区大量的建筑遗产，车村帮的弟子们成为整个徐州地区建筑队伍的杰出代表，并在50年代和60年代做出过不凡的成绩，例如张培谏的徒弟韩世明就曾经代表徐州市建筑公司到苏联参加过建筑行业的竞技比赛，创造了1.5小时盖瓦24间的最高纪录，他的另一弟子胡光普创造过8小时砌砖19 500块的记录；张兴胜是车村帮的十二世传人，曾连续十五年被评为徐州市建筑行业先进人物，

图1-2　车村帮宗师张培谏像（张氏家族提供）

图1-3　车村帮匠师，孙统义的师伯杜庆标像（杜氏家族提供）

图1-4　车村帮匠师，孙统义的师傅胡传会像（胡氏家族提供）

在苏沪宁三地的瓦工比赛中获得过第一名，还被派往上海、山东、云南、黑龙江等地承担重要工程。车村帮的匠师在这一历史进程中完成了华丽的转身，成为徐州地区工业时代的产业队伍的一部分，三百多年的历史中，车村帮的组织形式从九世公以前的"一花独放"，到十世公的"一干两支"，再到解放后的"花开遍地"，随着所有制的改变已经消融在当代中国的建筑大系统中了。同时由于当时对传统建筑的保护未予重视，车村帮所擅长的传统建筑工艺也渐渐失传，直到20世纪八九十年代，另一位车村帮的传人孙统义的出现。

1.2 车村帮的现代传承

传统建筑营造技艺虽然在城区和公共建筑中几乎被淘汰，但是在徐州城区之外的村镇地区，传统工匠们仍然使用地方材料修缮和营建民间工程。本书笔者孙统义自幼家境贫寒，很早就出外谋生，15岁拜张培谦的徒弟胡传会为师学习瓦工等传统建筑营造技艺。1978年，他被调到铜山县柳新乡文化中心工作，他不忘初心，古建情结不断，成立了一个古建园林研究会。此时胡传会退休回乡，孙统义请师傅担任研究会顾问，以工养文、培养工匠，组织了一个古建园林工程队。历经8年，孙统义再次系统、全方位地深入学习掌握了车村帮的技艺要点。1993年他以培养地方特色队伍、复兴传统文化为宗旨，创立了徐州正源古建园林研究所（公司），自筹资金，以身传子，亲手授徒，以徒带徒，将技艺传授给下一代，时至今日已经培养出一批初、中、高级持证上岗工匠30余人，目前是当地唯一一支集研究、设计、施工为一体的古建园林专业工匠队伍（图1-5~图1-9）。在我国改革开放时期，国家对振兴传统文化、保护文化遗产很重视，孙统义在大好时机下，努力拼搏，让一度几乎泯灭的车村帮的营造技艺重新焕发光彩，使得徐州传统建筑的不同于苏南和苏中的特色技艺获得传承。数十年来，孙统义采用传统建筑营造技艺依法修缮和保护了很多代表性古建筑，建造了一批"非遗"技艺产品，这些已经得到了国内外许多著名古

图1-5　车村帮拜师中的鲁班祖师牌位

建专家和国家权威部门的认可和关注。徐州市人民政府于 2010 年 6 月公布徐州古民居传统营造技艺为"徐州市级非物质文化遗产"（图 1-10），2016 年 1 月江苏省人民政府公布徐州民居传统营造技艺为"江苏省级非物质文化遗产"（图 1-11）。本书也是在 2010 年后由孙统义推动和亲自口授他学习到的车村帮技艺，并由孙继鼎等协助记录和整理而成的。

图 1-6　一脉相传的开工前参拜鲁班祖师牌位的仪式，左为孙统义　2015 年摄

图 1-7　孙统义向儿子和弟子们传授木作技艺要点　2015 年摄

图 1-8　孙统义在施工前对弟子们培训　2011 年摄

图 1-9　孙统义受国家人力资源和社会保障部邀请在曲阜做传统营造技艺讲座　2013 年摄

图 1-10　"徐州市级非物质文化遗产"的授牌

图 1-11　"江苏省级非物质文化遗产"的授牌

2 车村帮营造的徐州传统建筑特色

2.1 从老照片谈车村帮营造的徐州建筑风貌特色

由于企业性质和名称在国家大环境下的改变，20世纪60年代以后城市中大量新建房屋建造过程中已经听不到关于车村帮的声音，但是一如前述，车村帮的成体系的营造技艺成就了徐州地区近代的营造成果，直到六七十年代，徐州城里、城外及周边地区还可以看到很多车村帮工匠技艺群体所建造的古建筑遗存。例如徐州市政府北院的霸王楼，徐州北门护城石堤上的五省通衢木牌楼，被称为江北第一楼的徐州市鼓楼，徐州的文庙及附属于文庙的奎星楼，云龙山等处的石牌坊和若干塔和经幢，以及徐州近代转型后的新式的砖混建筑（图2-1~图2-16）。

霸王楼名称的由来：项羽定都在彭城建西楚故宫，后楚汉相争自刎于乌江。徐州人不以成败论英雄在西楚故宫遗址建造一楼取名——"霸王楼"以此纪念项羽。（70年代拆除，遗址被破坏）

牌楼：是建在徐州城北门外护城石堤上的一个标志性建筑物，俗称——"牌楼子"。牌楼外是翻涌不息的黄河，牌楼内部就是徐州最大的车水马龙的农贸市场，牌楼是徐州最有特色的古建筑之一。（70年代拆除，遗址被破坏）

图2-1 户部山古民居建筑群的航拍图［出自户部山（回龙窝）历史文化街区管理中心］

图2-2　20世纪60年代还存在的徐州市政府
北院的霸王楼（照片由吴朝和提供）

图2-3　建于清代中期徐州北门护城石堤上的五省通衢木牌
楼（照片由吴朝和提供）

图2-4　徐州中轴线上的鼓楼又称江北第一楼
（1937年摄）（照片由吴朝和提供）

图2-5　清末民初时期的徐州奎星楼（照片由吴朝和提供）

图 2-6　民国时期的徐州市文庙大成门

图 2-7　徐州市文庙大成门内奠基典礼石碑(典礼时间为 1940 年 11 月 4 日)

图 2-8　奎山塔：明代由徐州文化名人万崇德出资修建，后遭拆除。（照片由吴朝和提供）

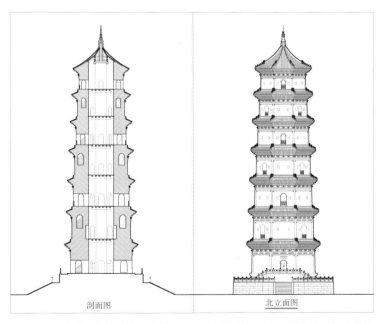

图 2-9　奎山塔复原图（出自徐州正源古建园林研究所车村帮传人孙继鼎复原设计）

图 2-10 清代的徐州市云龙山东门石牌坊（照片由吴朝和提供）

图 2-11 清代的徐州市云龙山北门石牌坊群（照片由吴朝和提供）

图 2-12 石牌坊群被拆除的边门遗址

图 2-13 云龙山北门石牌坊残存构件和岩石上的卯眼

图 2-14 云龙山北门石牌坊残存遗迹（一）（照片由吴朝和提供）

图 2-15 云龙山北门石牌坊残存遗迹（二）（照片由吴朝和提供）

图2-16 民国时期的徐州大同街钟楼 （照片由吴朝和提供）

鼓楼为什么叫"江北第一楼"：因为初建鼓楼的时候徐州属于江南省铜北县，在当时的江南省北部，可能是称"江北第一楼"的原因。（20世纪70年代拆除，现存遗址）

云龙山石牌坊群：听车村帮在世的师傅讲，云龙山北入口石牌坊群大部分是由车村帮匠人所造。到20世纪70年代还有部分遗存，至今只遗留下几根石柱和山体岩石上的部分卯眼残存。

从这些老照片可以看出，近代的徐州建筑是多姿多彩的，既有传统的木构的殿阁、厅堂式建筑，也有高度封闭的砖混结构建筑，还有石构的牌坊等。既有来自江南影响的带有月梁斜项痕迹的垛子梁和包袱彩画，也有北方浑厚稳重的砖石墙体包裹的建筑，这显示了徐州是一处南北文化荟萃之地，有着和原乡相似的南北各式建筑，也有经过徐州工匠融会各地技法并结合徐州本地材料与技艺创造出来的地方做法，徐州传统建筑可谓刚柔兼备，也显示了以车村帮为代表的徐州传统建筑匠师具有兼收并蓄、吐故纳新、与时俱进的能力。

从这些老照片看，徐州传统建筑中的楼特别多，除了前文提及的几处楼之外还有著名的燕子楼和黄楼。虽然每个楼背后都可以找到感人的历史故事和相关的文人意识，但最重要的缘由则和徐州位于黄河夺淮后的黄泛区水灾多发有密切的关系，一旦大水逼城、一片汪洋之时，楼的保存生命的价值就显示出来了，也因此，这些楼的外墙都采用坚固厚重的砖砌体来围护，抵挡水浸的威胁。另一个不同于苏南以至苏中地区建筑的特点就是门窗较少，这和徐州地处寒冷气候带以及多灾多难的社会环境有关。这些老照片上的建筑随着改革开放初期的急速的城市化步伐而迅速消失，我们只能从那些老照片中欣赏它们昔日的风采，如果要较多认识车村帮建造的徐州传统建筑的更多特色，则要走进几处徐州传统建筑的遗存中去观察了解了。而孙统义所在的徐州清源古建园林营造有限公司对不少的徐州建筑遗产已经做过测绘和分析（详见本书第3章至10章），根据这些分析，徐州建筑除了上述刚柔兼备、南北融会的审美特征之外，在车村帮的营造技艺中还体现了徐州地区不同于南北方的特有的地域特征：

（1）瓦工在营造体系中占据主导地位。由于徐州地区位于建筑气候带中的寒冷地带，厚厚的土墙或者"内生外熟"的墙体使得砌筑工程成为建筑中最耗时也最重要的部分，如何就地取材完成这部分砌体工程不仅涉及抵御严寒和洪水、预防盗贼侵袭，提供家庭以至聚落安全，还涉及如何为屋面结构提供承载体和呼应屋盖层布置，为房屋采光预留门窗洞等问题。这是徐州传统建筑有别于苏南传统建筑之处。

在近代，随着西学东渐带来的西方砖石结构样式和黄河改道北去后砖的大量生产，徐州的砖石结构经车村帮的实践探索更获得了拓展，取得了长足的进步，达到了很高的水平（图2-17~图2-19），徐州的砖混建筑在新的潮流中走在了淮海地区以至更大范围的东部中等城市的前列。

（2）在大木作方面，由于受洪涝灾害影响，徐州地区缺乏大的建筑用的木材，大量民间建筑进深小，开间小、步架小，但依然显示了强烈的地域特色，梁架采用苏北、鲁南等地的重梁起架的三角形梁架，屋面陡峻，即使是大式做法的庙宇，其斗拱也和民居一样，往往采用插拱做法（参见图2-20以及第6章的有关叙述），对照徐州北洞山的汉墓和汉代明器的形象（图2-21、图2-22），徐州的建筑的楚风汉韵是名副其实的。

（3）车村帮的工匠往往要从事多工种的操作，那些历代的车村帮传人都是杰出的瓦工，同时也能够承担其他工

图2-17　车村帮工匠团队民国时期建于徐州西郊的杨集火车站

图 2-18　民国时期的徐州邵城镇教堂　（照片由吴朝和提供）

图 2-19　建于 20 世纪 50 年代的徐州会堂　（照片由吴朝和提供）

种的工作。对照苏州的香山帮的传人姚承祖，车村帮的建筑世家张氏，虽然技艺高强，但始终没有脱去农民的身份，他们珍视知识，乐善好施，兴办过学校，奖励过同乡弟子学有所成者，但他们自己的弟子都未能得到足够的文化教育，他们是生活在极为艰苦的时代和极为艰苦的地区的一支特别能战斗的建筑队伍。车村帮的技艺大量以口诀的形式口传心授，始终未能如香山帮

图 2-20　徐州市文庙大成门的斗拱

图 2-21　徐州北洞山汉墓中的顶部石屋盖

图 2-22　汉明器上的插拱

那样留下自己的典籍。本书笔者孙统义也只有小学文化程度，但他不惧艰难，凭着自己的记忆通过口授将这些濒临湮没的宝贵的历史信息传递给后人。

　　孙统义不畏艰难将徐州地区的车村帮传统建筑技艺这一串已经散落的"珍珠"重新拾起，串成"项链"呈现给我们，实现了徐州地区不少志士仁人想做却无力完成的一件丰功伟绩。孙统义收到了徐州地区很多书法家的艺术作品，从中也可感受到徐州知识精英对孙统义工作的鼓励和欣赏（图 2-23~图 2-31）。

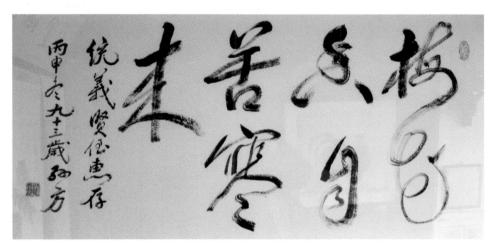

图 2-23　"梅花香自苦寒来"，书法社首任社长孙方题

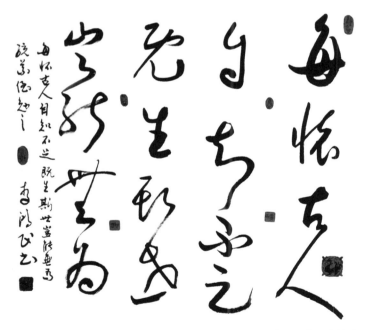

图 2-24　"每怀古人，自知不足，既生斯世，岂能无为"，中国书协会员李鸿民题

图 2-25　"胸有古屋"，书法家李久渠题

图 2-26　"魅力古建"，书法家黄之凡题

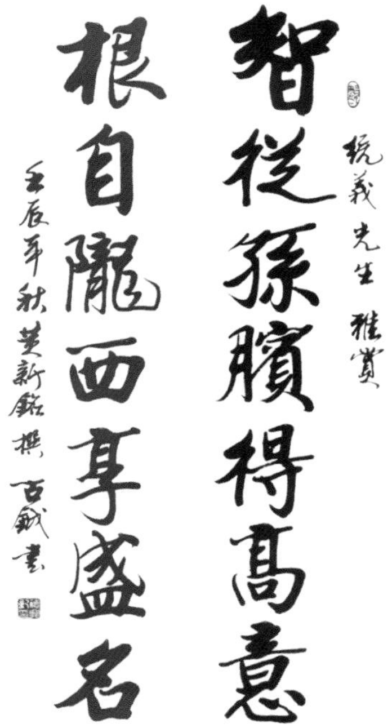

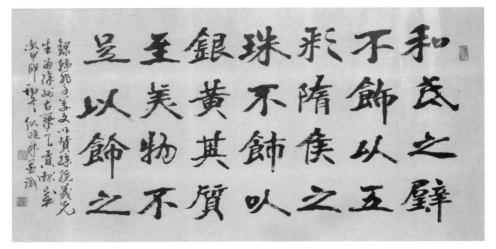

图 2-27　"智从孙膑得高意，根自陇西享盛名"，楹联家黄新铭撰，书法家古钺书

图 2-28　"和氏之璧不饰以五彩，隋侯之珠不饰以银黄，其质至美，物不足以饰之"，中国矿业大学教授纵晓林题

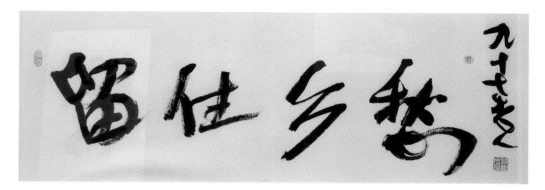

图 2-29 "留住乡愁"，离休干部钱树岩题

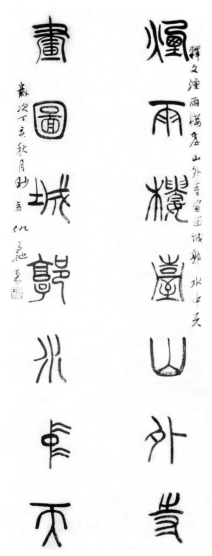

图 2-30 "烟雨楼台山外寺，画图城郭水中天"，书法家仇高驰题

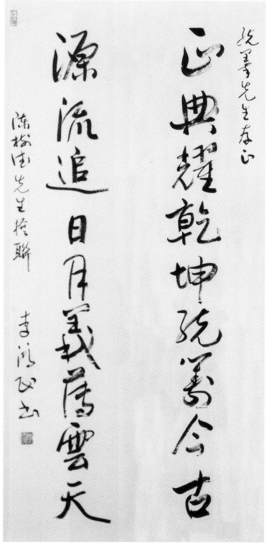

图 2-31 嵌字联"正典耀乾坤统筹今古，源流追日月义薄云天"，书法家李鸿书给孙统义的题字

2.2 从孙庄村孙家大院等看车村帮的乡村建筑营造概况

孙庄村孙家大院建于清朝嘉庆年间，又称孙围子，据杜、胡两位师傅的口述孙围子是车村帮村落文化的代表作。孙庄村在铜山区北部，南距徐州 18 km，西至柳新镇 1 km，北离微山湖 10 km，东临京杭大运河 5 km（图 2-32）。

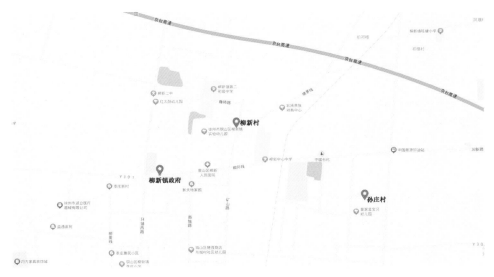

图 2-32　柳新镇孙庄村孙围子定位图

孙庄村地势较高，村庄由土围圈成，土围外是由挖土建围形成的一圈围河，并在高约 6 m 处的土围四角修有四个炮台，安有四门大炮。村子设南北二门，内有一条大街贯通南北。南门外有一龟驮石碑，龟的表情生动可爱，石碑是孙家的功德碑，碑文为名家所书，笔锋遒劲，阴文刻石功力深厚。碑身周边有浮雕云图环绕，碑帽有镂空雕刻的二龙戏珠，动态十足。整个石碑制作工艺精良，蔚为壮观，是徐州北部一带碑刻的珍品，备受瞩目，也是孙庄人的骄傲。村内南北街中段有一口井，井水旺盛，西半村和过往的车辆都用这口井的水。大街两边有大小商铺、小吃店、菜蔬市场等。村东半部有一条东西路和南北路相交，除房屋外大都是菜园。围子里住着孙姓族人，外姓很少，村庄民风淳朴，人气旺盛。

孙统义 1945 年出生在孙庄村的一座老宅里，记事的时候就跟着父亲在外围河放羊、捕鱼。孙统义 15 岁时拜师学艺，之后又亲自参与一些老房子的修缮建设，对村里建筑为什么都建在高台上，使村内地坪高低不平；为什么有这样多的小河可以游泳、滑冰、养鱼等问题都充满好奇。师傅和村里的老人会讲孙庄过去的故事给孙统义听，渐渐地历史遗存的过去和现在的状况在孙统义头脑中清晰起来。

孙统义五六岁时跟着父亲到外围河看放羊，到内月河看父亲捕鱼。7岁时到孙氏宗祠改建的小学读书，那时候村庄整体布局基本保持较好，土围子有的地方已经被平整成庄稼地或菜园。残留的部分尚有4~5 m高，上面长满了洋槐和柳树。1958年，围子上的四个土炮台的铁炮被征用"大炼"钢铁，同年西大林、北大林被砍伐，木材用去建煤矿。

20世纪60年代孙统义小学毕业，以后跟着师父修遍了村庄内各家各户都建在台子上的房子。有青砖瓦房，但大部分都是土墙草屋，南门口的碑70年代才被破坏。

70年代煤矿塌陷，孙统义住在村西北角的房子因地面下沉搬迁，原围子西北角的土炮台则成了一片洼地。

八九十年代村庄改造拆除了所有老宅院，在宅院、打麦场、菜园等地块上都盖成一样高的二层楼房，只有几条道路和几个小河还保持着原来的模样。

孙家大院平面草图是住在大院里孙氏后人在兰州工作的一位建筑师80年代画的。

2000年以后，因宅基地的缺乏又垫平了村内7个水坑。

如今，孙围子中有些人们耳熟能详的地点名称仍然使用，如外月河东、西、南、北炮台；南门口、北门口、高台子、南场、东园、油坊坑、西南园、西大园、后楼底、小学校等等。（2018年由孙统义口述，徒孙赵树枫画的平面图见图2-3）

孙统义拜师学艺后，一有空余的时间，师傅胡传会就会给他讲述以前的故事。师傅都很骄傲地对孙统义说：簧学、鼓楼、钟楼、张勋生祠、道台衙门、牌楼子等都是咱们的活。有的我也参加过，你师爷张培谦还特别提到过鼓楼原来是绿色琉璃瓦，被日本侵略者炸毁后是我们复建的，屋面改成合瓦屋面"插花云燕"。

如同黄泛区的大多数村庄一样，为了防备黄河水泛滥的袭击，村内房屋大都盖在挖土垫高的台子上，挖土留下的土坑后大大小小的池塘。孙家大院同样采取了挖土垫宅的办法提高宅子地面的高度，因挖土量较大，宅子的东、西、北三面分别形成了约10 m宽、4 m深的三面围河，把大院周边的夹道垫高了约1.5 m，大院垫高了近2.5 m（图2-33、图2-34）。

孙家大院坐北朝南，孙庄的正前方，九里山连绵起伏，植被丰厚。孙庄的东南方向有一条南月河，这条河向北蜿蜒流淌直通微山湖。微山湖水产资源十分丰富，素有"日出斗金"之称，沿湖地区广阔平坦的肥田沃土，给沿湖居民带来了丰厚的生活资源，所以孙家大院具有得天独厚的自然环境。

孙家大院共有四进院落，同徐州城内一带大院不同的是一过邸前20 m处有一座过车门。门前地势开阔，但凡来孙家大院的重要人物，都需在过车门前等候通报，主人出迎，方才进门，是徐州一带少有的礼节。客人经过车门，

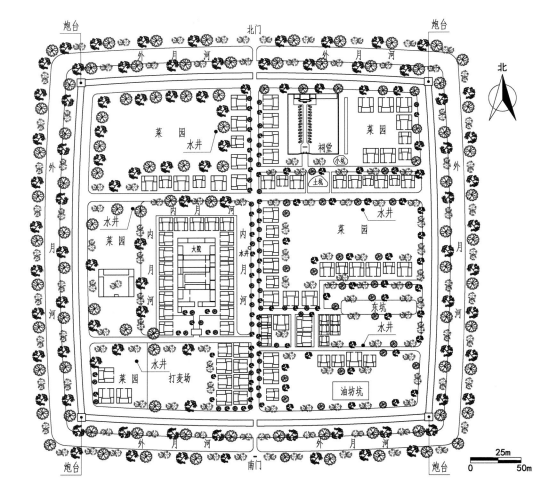

图 2-33　位于徐州市铜山区柳新镇东南约 1 km 处的孙庄村平面示意图（此图为孙统义根据孙围子遗址和老年人回忆重绘）

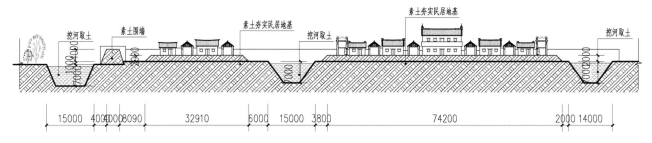

图 2-34　徐州围子聚落民居分布剖面图

进一过邸。一过邸门楼高大，非常壮观，房顶合瓦屋面、花板大脊、五脊六兽、插花云燕、抹角挑高挑，椽子双重出檐。两山屋檐正面七层进出有序的垛头封檐，垛头下墀头刻夔龙（当地俗称蜂龙）图案。门框两侧有一对抱鼓石，石上雕刻精美的麒麟送子图。由于过往行人的抚摸，抱鼓石顶端光亮润滑。两扇木制大门非常坚固厚实，七穿压栓工艺，铁帽钉加固，门上楣内刻门龙，外安一对门簪，门簪上刻梅花木雕，两扇门外面中下部装一对铺首，口中衔环，表情质朴可爱。

过邸内两侧墙上挂满了匾额锦旗，其内容大都是称赞房主人乐于助人、积德行善。大门东西各有门房一间，出一过邸是一进院。一进院由东西厢房各三间、倒座房六间、穿堂屋三间组成，其功能用于外人居住或存放粮食物品。后又在西厢房前建一小院，称小前院。过车门、大过邸、穿堂屋、大客厅、学堂屋、后堂楼依次坐落在一条中轴线上。一进院东北角穿堂屋东山墙外是通往后院的通道。穿堂屋既是一进院的堂屋，又是二进院的南屋。二进院为客屋院，是由大客厅、西厢房、穿堂屋（又叫待客厅）组成的三合院。客屋院大厅三间，前廊后厦，雕梁画栋、装饰高雅，饰有精美瓷器、名家字画、气度非凡。植有金桂两株和蜡梅、牡丹、芍药等花木。

三进院为学屋院。学屋院是通廊结构，从东侧大门进入到院中，可看到东、南、西、北的路心石，如十字标出行走方向，暗示学生认清正道，不要走歪门邪道。院内栽有海棠四品，象征和睦相处，设计朴实简洁、典雅大气，学屋院与学生的启蒙教育相得益彰。在抗日战争和解放战争时期，孙启贤多名投身革命的儿孙都是在这个学屋院里接受的早期教育。

从二进院和三进院的通道北端进入堂楼院，院内植有多棵石榴树，树龄都在百年以上。堂楼院原为孙启贤祖上居住地，是孙家大院最后一进院落，有堂楼五间，东西耳房各二间，东西厢房各三间。房屋体量高大，是孙家大院的地标建筑。站在堂楼向南望去，主房上的插花云燕，沿着一条南低北高的斜面逐渐上升，是一道独特的风景，远近闻名，巍峨壮观。

孙家大院在垫宅基地时，采用了车村帮的营造工艺。定位放线后高前低，按院落逐渐增高，大院周围东、西、北三面为夹道。所谓夹道就是在孙家大院周围留出约 6 m 多宽的道路，道路外的小型院落便是一些近房和外来投奔孙家的亲戚朋友及佃户的居所，约 20 余户。这些院落外边三面有水，围在孙家大院周围，如众星捧月。这些小院是孙家大院的重要组成部分。徐州一带有"孙家瓦屋，拾家的楼"一说。从 20 世纪 70 年代还存在的大院的各种装修来看，清末、民国时期车村帮营造技艺涵盖的工种是非常多的，除了瓦工、木工、油漆之外，石雕、木雕和铁活、匾额和裱糊等样样俱全。

拾家大院还在（图 2-35～图 2-37）。可惜，孙家大院这一徐州地区代表性的围子式的建筑在 20 世纪后半叶逐渐衰败、倾圮，在世纪之交逐渐被拆除。集中反映了车村帮技艺的案例除了拾家大院外如今只剩下徐州城里户部山一带的民居了。徐州还有一处任家大院保存得较好，院中的平安台等设施还保存着（图 2-38～图 2-44）。

图 2-35　拾家大院的入口　2021 年摄

图 2-36　拾家大院东部房屋墙下部的射击孔

图 2-37 拾家大院东厢房后墙底部的两个对外射击孔

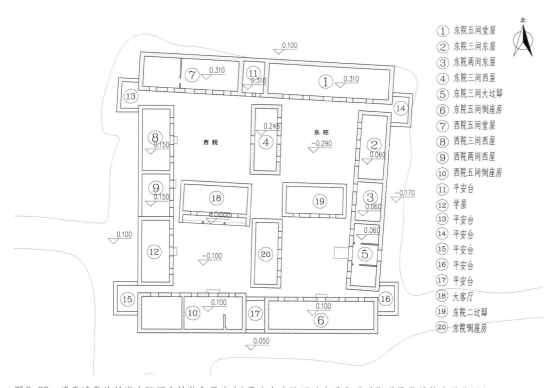

图 2-38 建于清代的任家大院石砌墙体和平安台（平安台有防匪避水及和平时期观景赏月等多种作用）

图 2-39 任家大院大门（一过邸三间）现状

图 2-40 任家大院大门内侧天地杠上孔和两侧门轴插入的铁质轴眼现状

图 2-41 任家大院仅存的一处抹角挑（戗脊）现状

图 2-42 任家大院仅存的一处平安台

图 2-43 任家大院大门外部一侧的海门石

图 2-44 任家大院内侧房门上的石拱券

2.3 从徐州户部山民居建筑遗存看车村帮营造的徐州传统建筑特色

2.3.1 历史概况

户部山民居建筑群是宝贵的案例，体现了清代车村帮匠师的技艺遗存。该建筑群的修缮主要是由孙统义所带领的施工队伍完成的，在施工中不仅考察了清代以来的徐州营造技艺，并且还努力以自己传承的车村帮技艺去修复它们，因而较为集中地反映了车村帮营造的徐州传统建筑的特色。

户部山原名南山，是距徐州古城南门外百米之遥的一座小山，海拔 70 m。山巅有西楚霸王项羽戏马台，宋武帝刘裕所建抬头寺等古迹，为徐州名胜（图 2-45）。户部山位于城外的地段，后来成为一处聚落的集聚地，这原因可追溯到明代的一场洪水对徐州城市居住环境的影响。

宋代以前，徐州一直是古代中国东部的军事重镇、交通枢纽，以及繁华都市；宋代以后，黄河发生泛滥和决口南迁波及徐州，黄河夺淮入海，流经徐州北部的淮河河床为黄河侵占，由于黄河含沙量极大，河床逐年抬高，不

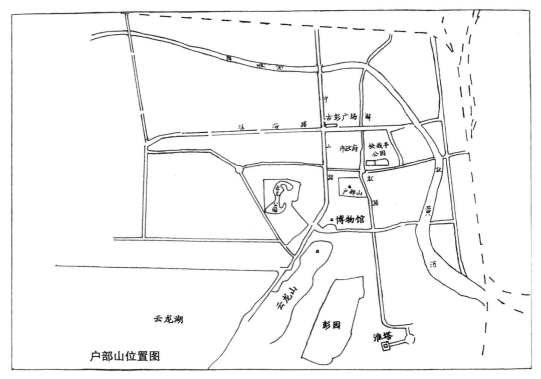

图 2-45　徐州市户部山位置图（摘自《徐州志》，清代余志明撰）

断泛滥淹没两岸土地。到了明代，黄河成为一条高出徐州城墙的"悬河"，汛期到来就有溃堤淹城危险。专司漕运的徐州户部分司，将衙署移置徐州城外的南山上，许多市民也赶在大水决口前避居南山。明天启四年（1624年）黄河又一次暴涨并决口，徐州一片泽国，大水退后，许多人认为南山是躲避洪水的一块宝地，纷纷在山上大兴土木。户部分司也没有迁回城中，这又带动了南山一带的商贸发展，从此南山就被称作户部山（图2-46）。

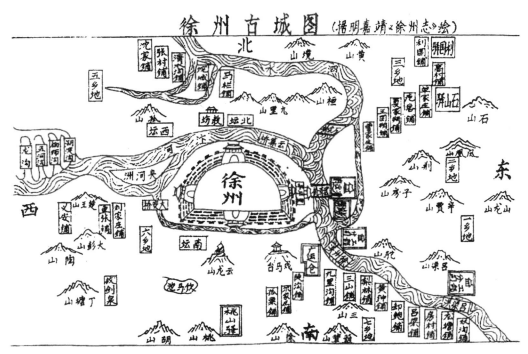

图2-46 徐州古城图（摘自《徐州志》，清代余志明撰）

　　清代是户部山发展的黄金时期。以山巅戏马台为中心，深宅大院环山而筑，鳞次栉比，这里走出了《金瓶梅》评点家张竹坡、状元李蟠、翰林崔焘等文化名人。以户部山为中心，作坊遍地，店铺相连，会馆林立，发展成为苏、鲁、豫、皖四省接壤地最大的商贸集散地。进山的四条巷口设有四座寨门，山上大户人家联合派专人把守，定时开闭。整座户部山宛如一座小城。徐州民谣曰："穷北关，富南关，有钱人都住户部山"，诗人则描述为："人烟万户拥重台"。因而户部山民居遗存代表了徐州清末的高等级传统民居，也反映了清末民初以来车村帮的营造技艺水平。

　　20世纪八九十年代旧城改造步伐加快，户部山古民居遭到很大破坏。随着徐州的历史名城规划将户部山划为历史街区，在徐州市文化部门的不懈努力和有远见的市领导的关心支持下，户部山有十余座古民居被保存了下来。它们是崔家大院（上院、下院）、李蟠状元府、余家大院、翟家大院、郑家大院、刘家大院、李家大楼，以及蒋纬国故居、老盐店等，占地面积 3.5 hm²，共有房屋 600 余间。这些古民居中，除崔家大院始建于明嘉靖十六年（1537 年）间、余家大院是户部分司衙门旧址改建以外，其余均是明天启四年大水之后建成的，户部山民居建筑群是古城徐州城内最后的传统民居遗存（图 2-47）。崔家大院也称崔焘故居、崔翰林府。

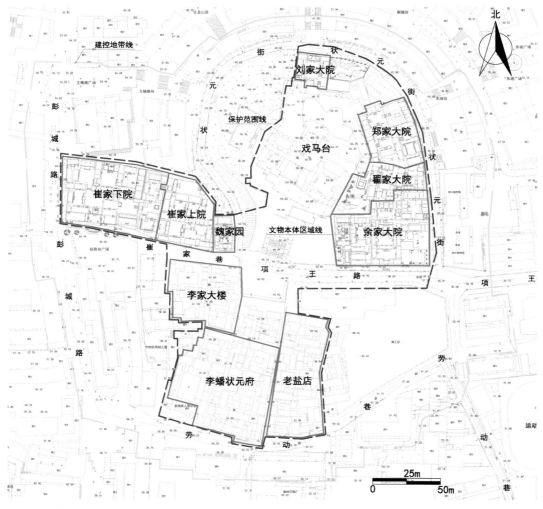

图 2-47 徐州户部山古民居分布图

2.3.2 建筑特色

户部山古民居遗存由余家大院、翟家大院、郑家大院等构成，从总体上讲户部山民居也是四合院，有着北方四合院的共性，也注重就地取材，但由于建在山上，面积有限，地面落差大，不可能按平原四合院的舒展式的模式，且徐州位于江苏北部，其建筑气候区属于寒冷地区，因而户部山古民居的主要特点是结合山地地形变化空间，适应寒冷气候特征构建房屋。具体而言，可从房屋和院落两大部分分别说明之。

1）房屋的特色

房屋的特色可从房屋的台基、墙体、屋顶、梁柱、门窗等五部分来分别说明。

（1）适应山地的台基、入口的做法。户部山古民居依山而筑，就地取材，石台基较高，一般有两种：一是沿坡底垒砌条石，使之与坡顶相平，中填夯土，形成一个高台，高台上建房屋。房屋门前设有高高的青石踏步，看上去气度非凡（图2-48）。二是沿坡挖出一个空间建房，山体又可以直接作一面后墙。但房屋的后檐与屋后地面几乎相平，人很容易登上房顶。于是，将房顶加高，再起一层，户部山古民居中产生了一种徐州特有的"鸳鸯楼"。该楼上下叠加，内无楼梯，楼上下各开一门，朝向相反，通往不同高度的地面。"鸳鸯楼"巧妙地解决了地面落差大给设计曲进四合院重叠部分布局带来的困难，有很高的实用价值（图2-49~图2-51）。

图2-48　户部山民居余家大院入口（一过邸）

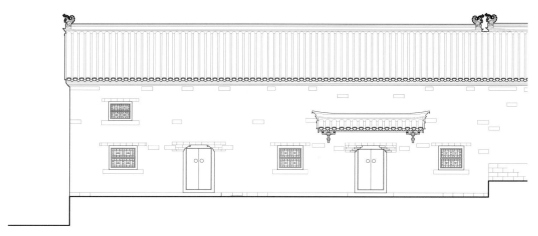

图 2-49　崔焘故居上院客屋院"鸳鸯楼"正立面图

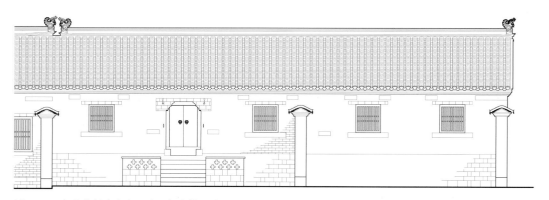

图 2-50　崔焘故居上院客屋院"鸳鸯楼"背立面

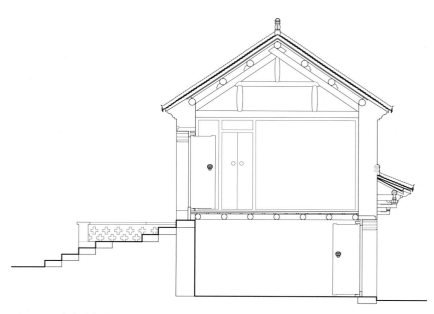

图 2-51　崔焘故居上院客屋院"鸳鸯楼"剖面图

图 2-52 户部山崔家大院的虎头钉和腰栓石　2021 年摄

（2）厚墙体。户部山古民居的墙体，厚度 50~60 cm，并且采用徐州特有的"里生外熟"结构，即外墙砌青砖，内用土坯衬里，利用土坯热传导慢的原理保温。较高规格的墙体，内外两侧都砌成青砖，中央夹碎砖石。由于碎砖中有空气间层，这种结构如双层玻璃窗一样，保温性能好。徐州地处北温带偏南地区，冬夏两季漫长，春秋两季短暂，墙体厚重并采用"里生外熟"等结构，有助于室内冬暖夏凉，降低了取暖等费用（参见 5.3 节中的文字和图）。

"里生外熟"等结构的墙体缺点是结构较差。徐州车村帮工匠采用了两种加固方法：一是用虎头钉将墙内柱和墙体相连，二是用和墙体同宽的石板砌在墙上，俗称"印子石"，尤其是砌在梁下、转角等承重部位。石板同时也成为墙体的一种装饰。我们看到青灰色的砖墙上，错落有致地排列着灰白色的石板，很有韵味，形成同许多地方古民居青砖粉墙迥然不同的艺术效果（图 2-52 及参见 5.3 节）。

（3）陡屋面、小出檐。不同于坡度较为平缓的江南民居（四分中举起一分或更陡一些，高跨比为 25%~30%），户部山古民居的屋面较陡峭，屋梁起架的高跨比在 33%~35%（参见本书第 5 章）。屋面覆普通布瓦，挂瓦泥较厚，用灰考究而且工艺要求高，异常坚固，保温性好。勾檐滴水瓦当图案题材多样，如崔家大院的"锦上添花""鱼跃龙门"，余家大院的"年年有鱼"，李蟠状元府的兰草和刘家大院的菊花等，代表不同的寓意。屋檐多为砖叠涩，出檐较小。徐州地区雨量适中，出檐小有利于室内采光。

（4）清水微翘的屋脊与精美的脊饰。户部山古民居的屋脊构件十分复杂，多是砖块现场加工而成，或翻模制成图案直接烧制而成，厚实而坚固。一般屋脊两端不像许多地方高高翘起，而是微微起翘，像翱翔的鸟儿舒展开的双翼。线条流畅柔和，庄重中透着秀气，体现徐州人不卑不亢的性格和平和自然的心态（参见第 8 章）。

有的房屋有垂脊。在北方硬山建筑中，垂脊末端向外弯出 45 度，但清官式通常不起翘，称为岔脊；在南方硬山建筑中，垂脊末端有的高高翘起，但不向外弯出。户部山古民居的垂脊既向外弯出 45 度，又高高翘起，像振翅欲飞的鸟儿半张的双翼，这是南北建筑风格在徐州交流融合的一个例证。户部山的宅邸主人当时都是富贵之人，宅邸房顶都装有兽头。一般为"五脊六兽"。

（5）精打细算的梁柱。徐州是黄泛区，树木稀少，且远离杉木产区，不易获得好的建筑木材，因而户部山古民居对木材的使用都十分节省。木结构的断面一般较小，并且尽可能用砖石代替木材。有的古民居的木构件中发现很多多余的旧榫卯，证明该木构件是多次使用的。一般房屋采用重梁起架，在墙中藏有一种细小的墙内柱，只有主房才是抬梁木结构，其中客厅大多采用前廊后厦。

（6）防卫性与门户出入。户部山古民居除大客厅、待客厅和私塾设置多扇木格花门窗外，一般建筑只在一面开门窗。门多为双扇实木门，门框外左侧居中留有砖砌的小龛，饰有细腻的花边砖雕，为灯台（图2-53）。龛内可放蜡烛或油灯，夜间用来照明。右侧位居下方有砖砌洞口，是关门时供猫出入的猫洞（图2-54）。门框两边砖墙上设石制腰卡，用以加固门框。门内两侧墙上设有腰杠石，上可放横木，用以加固门扇。除此之外，门扇上还装有多道门闩。所以大门一旦关闭，外面很难打开。而室内却设有暗门，可以通往其他院落。窗子多为木楞窗，无法开关，窗外安装上下两扇木制雨搭，冬天或雨天可放下。这种十分封闭的门窗，既是为了躲避徐州冬季强烈的偏北风，也反映出徐州自古为兵家必争之地，百姓饱受兵匪之祸，建房时重视防御的心态（见图2-55）。

图2-53　建于大门一侧的灯台　　　　　图2-54　建于大门另一侧的猫洞

图 2-55　户部山民居中的门窗，2021 年摄

2）院落特色

（1）院落布局。在户部山现存的几座大院中，每一进院子，大多自然地前低后高，四合院建筑也基本左右对称布局严谨。但从多进四合院的整体看，由于环山而建，需因势修造，布局多为曲折前进，在风水上不够理想。为了弥补风水的不足，户部山上的大户人家想出化解的办法：建造房胆或改变方位，发挥镇煞作用，目的是避邪和逢凶化吉，房胆是砖砌的四方形小建筑，中央空心，四周留门窗，上用大石板盖顶。节日期间，石板上摆放供品。房胆通常建于院落的镇煞方位，如余家大院的房胆建于后宅堂屋门外踏步西侧（图 2-56），主要是基于坎宅的坤位通向西院开了门，为"五鬼"方，为凶之故。

有条件的大户，营建不同朝向的院落，使大院在整体上达到风水的要求。如崔家大院，它是由下院、上院和客屋院三大部分组成。从明嘉靖年间开始，崔家在户部山西坡循山而上建起下院和上院，它们坐北朝南，但不符合前低后高的要求。到了清道光年间，翰林崔焘在上院、下院以北，背依户部山，面朝山前的河流，建起了客屋院，客屋院虽然坐东朝西，却是背山面水的。三院共同构成"背山面水朝阳"的最佳宅基地标准，弥补了于山之西麓建宅在风水上的不足。

（2）院落中主要建筑构成。户部山古民居多为富庶人家，其建筑组成包

图 2-56　据说能起到镇煞作用的房胆　2013 摄

括有：门楼、主房、私塾（学堂）、家庙（祠堂）和后花园。

①门楼：户部山古民居的门楼都建在倒座房中间或一侧，高出倒座房0.60 m 左右，门外有多级踏步。大门左右镶有石门墩，镶抱鼓石的较少。黑漆门扇，朱红对联。门内侧安装遮门，起遮挡作用。人从遮门两侧进出，只在重大节日和丧喜庆时打开使用。

②主房：单一的四合院，主房多为两层楼阁。楼下为客厅，楼上为内宅。如刘家大院、李家大楼等，多进四合院。最主要的建筑是中院的主房，用作客厅，后院主房为家中长者居住，如余家大院，翟家大院等。

③私塾：户部山曾经是徐州的文化中心，士林荟萃，科甲鼎盛，文化氛围浓郁。大户人家虽然大都是经商致富，却期盼着子弟能够学而优则仕，所以每座大院都有私塾。崔家大院、李蟠状元府和余家大院等还专门建有藏书楼。大户人家以诗书传世，平添了户部山古民居的文化内涵与底蕴。

④家庙：在深受儒家宗法观念影响的中国古代，祭祀祖先被认为是宗族最重要的活动。户部山古民居中的崔家大院和李蟠状元府，均在大院的西端建有体量较大的祠堂。其他大院，或辟一间小屋，或在墙上设几个神龛来摆放祖宗牌位。

⑤后花园：户部山古民居大院都建有后花园。如崔家大院、余家大院、翟家大院、郑家大院和刘家大院后面是较陡峭的山坡，都依山开辟花园。首

先对山石进行加工，把部分山石劈成各种假山形状，上建高廊，并在大块平坦山石上凿池养鱼。池塘一般凿成各种形状，如余家大院的池塘为双鱼形，翟家大院的池塘为榆树叶形，以求得有山有水，达到意境美和园林设计的阴阳观。园中的花木多配植既能增色又有寓意的徐州常见的花木品种，如海棠（取其兄弟和睦之义）、石榴（象征大家团结、多子多福）、桂花（具有平安的含义）、银杏、黄杨等。有的花木亦能表现大户人家的文化品位，如"三紫"（紫荆、紫薇、紫藤）等，如余家中院栽种了三棵蜡梅和一棵黄杨，把从安徽歙县来徐州创业的余家三兄弟比成三棵耐寒的蜡梅，黄杨则是来自一句吉言"家有黄杨，必出栋梁"。这些花园占地很少，却利用有限的空间，与周边的自然环境融为一体，妙趣横生，反映了文人的山水情怀。沿小径拾级而上，可到达山巅的戏马台和抬头寺。在大户们眼中，戏马台、抬头寺是他们共同拥有的大花园。乾隆皇帝南巡路过徐州，登临户部山，驻足此亭，并挥笔题写了"伴云亭"三字（图 2-57）。

孙统义 1999 年来到户部山，户部山东半部分最上部的余家、翟家、郑家、刘家四家大院的原住民尚未搬迁，虽然院子比较杂乱但主体建筑基本保存较好，孙统义和儿子孙继鼎抓紧时间对这几座院子的主人进行了访问，刘家大院的刘家义是个文化人，刘家义说他是中国目录学创始人刘向的后裔，第 78 代孙。大院坐南朝北，背靠户部山，大院后部最高处后花园有一座建筑叫平临阁，平临阁后有门通戏马台，站在平临阁向北望可看徐州城内的全部。

图 2-57　户部山翟家大院伴云亭

郑家是户部山有文化的家庭之一，是我国著名书法家张伯英的孙女家，郑家大院建在户部山东坡，出口为户东巷，和刘家、翟家、余家大院都建在户部山体同一个水平高度，一门两院格局，两院各二进院，西屋为主房，南北为厢房，在主房侧留有通往戏马台的后门（图 2-58 为门和踏步照片）。

图 2-58　郑家大院通往户部山的角门

翟家大院主人在 1999 年搬迁时非常留恋老宅，这是翟家居住了几代的院子，见到翟家主人时，他们毫不保留介绍他们的房子的历史，特别说到有后门可到戏马台玩耍。

余、翟两家有姻亲，在余家西花园书房和余家西院主房堂屋两山墙之间有小门到榆叶池，伴云亭北侧有一门可上戏马台（图 2-59~图 2-61）。

图 2-59　户部山翟家大院与榆叶池　2012 年摄

图 2-60　户部山余家大院东花园月亮门

图 2-61　户部山余家大院西花厅院月亮门　2016 年摄

清代诗人孙运锦戏马台诗：人烟万户拥重台，台上平临卷眼开……

（3）古民居的牌匾、木雕工艺及色彩。户部山古民居和大多数中国民居一样，不管房屋及环境如何逼仄，仍然将自己心中的理想和寄托用书法文字表达出来，户部山的民居的匾额和楹联充满了诗情画意，是户部山古民居的点睛之笔，称得上是徐州文化的大观园（参见第13章）。

户部山古民居的檐下花板和梁下的老疙瘩（雀替）等多以木制，并雕花、彩绘，题材以花草鱼虫为主，花牙子多雕刻草龙草凤，线条流畅，造型优美，有一定的随意性，但雕刻技法基本相同，雕刻题材大都反映房主人的兴趣爱好和吉祥图式（图2-62～图2-64）。

户部山古民居色调较沉稳，幽雅庄重，房屋外观砖瓦都为浅灰色，室内粉刷白灰墙，增强明亮度。椽子、木梁、木雕为紫褐色，大门黑色边框起线刷红色，称黑门红牙子，柱子大都为黑色，客厅花棂门为朱红色，学堂、亭廊等建筑色彩较明快。

3）文化底蕴

户部山古民居作为大运河畔繁华商业城市的历史见证，记录着古城三百余年的兴衰史，其文化形态非常丰富，可概括为下列四个方面的内容：

图2-62　崔家上院大客厅檐下雕花板，檐柱为透雕，金柱上为浮雕

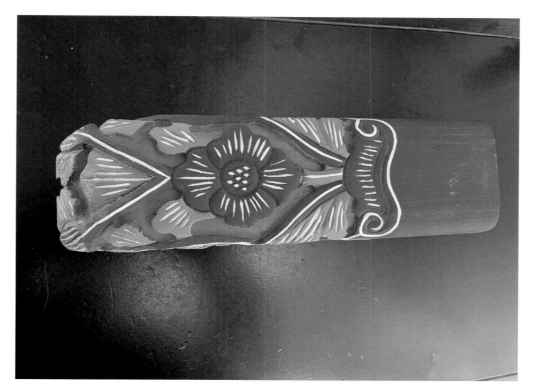

图 2-63　彩画雀替

图 2-64　花牙子

（1）宗法社会的等级观念

传统的四合院建筑形式是适应封建宗法社会的意识形态并逐步发展成熟的，它的典型特点是主次分明、内外有别、秩序井然，具有明显的空间序位。充分地体现了以血缘关系为纽带的安身立命家族秩序，以及以德的高低定尊卑的社会原则。

（2）儒道互补的生存态度

中国人生活注重儒道兼收，徐州亦然。徐州北邻山东曲阜和邹城，受到孔孟儒家思想影响；西邻河南鹿邑和安徽蒙城，受到老庄、道家思想影响。因而儒道思想并存，在建筑上亦得到了充分的反映。从各大院的布局来看，严整有序的四合院落是儒家修齐治平和天人合一的思想烙印在建筑上的反映，且注重传统社会宗法血缘关系，崇尚四世同堂的大家庭生活，并以此作为家族兴旺的标志。户部山古民居中，除了崔家大院和李蟠状元府外，还有不少商贾富绅聚集居住，他们追求功名利禄的世俗心态在建筑及其装饰方面都有充分的反映。

而另一方面，建筑群针对黄河的泛滥，选择山地建造以趋利避害，建筑的建造就地取材，结合徐州木材少、石材多的条件及户部山的山势，户部山房屋进深都较小，便于根据地势腾挪，是道法自然的体现，各宅皆建有后花园，反映出古代士人遵循自然规律和追求山林野趣的理念。

（3）南北文化荟萃之地

明朝自南京迁都北京后，官俸军饷仍仰给江南，徐州作为大运河畔的漕运重镇，朝廷专门在徐州设立户部分司，督运漕粮，确保"生命线"畅通。天启四年（1624年）的大水，迫使徐州户部分司移置南山，给南山带来了难得的发展机遇。漕运繁忙，商贾云集，户部山一带商业繁华，光会馆就有十余座。户部山上的名门望族，既有汉代皇族刘氏后裔，又有明末清初这一特定时期经商而迁居徐州的各地移民。如余家祖籍安徽歙县，翟家祖籍山西，郑家祖籍苏州，他们的住宅，既保留了原籍地的风格，又同徐州"土生土长"的建筑相结合。崔家明清两代出了从县令到内阁大臣不同级别的官员13人，如翰林院庶吉士、太原知府、广州同知等。他们任职期间经常调动，也把从各地见的建筑艺术应用到老家的故宅上。这都使户部山古民居承南袭北，既讲均衡对称，又灵活多变，既以徐州民居传统四合院布局规整为主，又融入一些周边地区的文化元素和技艺手法，对研究其他地区传统民居营造技艺特征有着重要的意义，是不可多得的实物例证。

4）从状元府看户部山民居的近代转型变迁

户部山南侧有一地块，民间称之为状元府，它背依戏马台，面朝玉钩路（今劳动巷），由中、东、西三个院落组成，共有房屋100余间，它曾是清康熙年间的徐州状元李蟠的宅邸。徐州自古为尚武之地，历史记载徐州人"武夫济济，而科第寥寥"。李蟠折桂后，金榜题名留青史。李蟠祖居河北真定，元末迁来徐州丰县程子院，明末又定居徐州户部山。李蟠中状元后，奉旨在旧宅基础上建起了状元府。后来李蟠任顺天乡试主考，因清廉拒贿，不徇私情，受人诽谤而罢官，远贬沈阳。三年后得以回乡，不久又奉命赴山东赈灾。但李蟠饱尝宦海滋味，无意仕途，终于又回到户部山隐居。"空山无伴已多年，独有寒梅傍我妍。疏影偏宜闲散地，幽香不到艳阳天。含苞带雨来相问，露蕊临风倍可怜。纸帐夜深还入梦，罗浮只在一灯前。"这首《户部山探梅》（出自《铜山文史资料》，权启庆辑注）是清康熙三十六年（1697 年）状元李蟠晚年隐居徐州户部山时所作（图 2-65~图 2-67）。

自李蟠开始，户部山又出了《金瓶梅》评点家张竹坡、翰林崔焘、画家李兰等文化名人，使户部山成为徐州的士林文台、名冠淮海。状元府就被徐州人看成体现徐州文采的一块宝地。

经 20 余年勘察调查和李氏后人回忆以及现场采集的李蟠状元府各种脊饰砖瓦遗存（图 2-68~图 2-86）。

孙统义是李氏宗亲，从小就对徐州家喻户晓的状元李蟠有一种崇拜，对

图 2-65　户部山南的状元府、老盐店地块航拍图　2021 年竺锦云摄

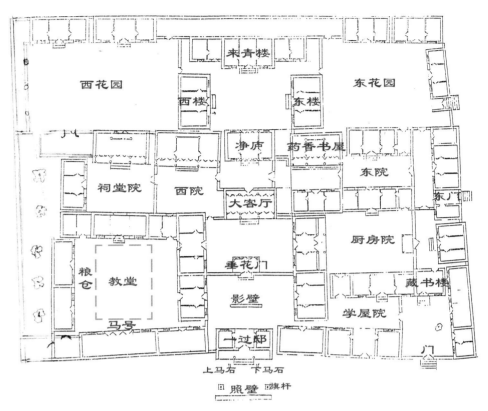

图 2-66　1999 年根据原居住在李蟠状元府的李氏后人回忆和现场遗存绘制出的李蟠状元府布局图

图 2-68　脊饰砖瓦遗存 1

图 2-67　《徐州日报》刊登孙统义文化特稿：李蟠和状元府　　图 2-69　脊饰砖瓦遗存 2

图 2-70　脊饰砖瓦遗存 3

图 2-71　脊饰砖瓦遗存 4

图 2-72　脊饰砖瓦遗存 5

图 2-73　脊饰砖瓦遗存 6

图 2-74　状元府藏书楼山花：鱼跃龙门图

图 2-75　状元府山花：荷花盛开 1

 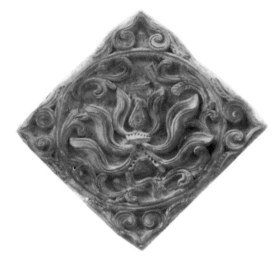

图 2-76　状元府山花：荷花盛开 2　　　　图 2-77　状元府山花：荷花盛开 3

图 2-78　檐口瓦件遗存 7

图 2-79　檐口瓦件遗存 8

图 2-80　檐口瓦件遗存 10

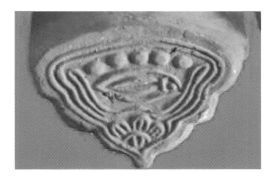

图 2-81　檐口瓦件遗存 11

图 2-82　檐口瓦件遗存 12

图 2-83　檐口瓦件遗存 13

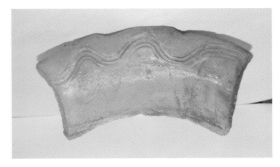

图 2-84　檐口瓦件遗存 14

图 2-85　檐口瓦件遗存 15

图 2-86　檐口瓦件遗存 16

状元府有一种好奇。

1999 年，孙统义受市文化局邀请来户部山修缮古民居，他首先到了状元府。当时状元府还住着好几家李蟠的后人，进院西侧第一家就是李蟠第七代的一位老太太和她的儿子李恩赐先生，娘俩向孙统义作了详细的介绍：挂着"状元及第"的一过邸在 1938 年日本侵占徐州时被炸弹震塌一角，匾额落地变形，一直保存到"文化大革命"被销毁。第二道门楼挂着圣旨匾额在 60 年代被拆毁，往后还有两处中轴线上重要建筑的存在，前大厅挂着雍正皇帝和年羹尧来徐州途经李蟠状元府时题写的匾额，只记得年羹尧题写的是"銮坡独步"四个字。最后一进院的主屋"来青楼"和东西楼已倒塌，西跨院只存有祠堂，后来祠堂建了教堂，至今还在使用。

东跨院存有"药香书屋""藏书楼"等主要建筑，只是东花园在民国时期卖给了周家建成了住宅，现较为完整（图 2-87~图 2-91）。

孙统义父子对状元府旧址遗存画了一张平面图，并在《徐州日报》发表文章介绍李蟠状元府现状，呼吁修缮保护。

据李氏后人描述，中院共有四进，毁于日本轰炸徐州时期，20 世纪 70 年代倒塌。状元府主要建筑上原来都装有"五脊六兽"和"插花云燕"，蔚为壮观。一过邸为三开间，前有抱柱，上方竖悬着"状元及第"四字大匾，门楣上镶有象征万卷经书的四个门簪。门前玉钩路北侧置上、下马石，路南有一个过路照壁，上书一个巨大的"福"字。影壁后为二过邸，一扇玲珑别致的垂花门。门上竖悬着"圣旨"两字的金龙盘边大匾。二过邸内为二进院，青石台基上坐落着大客厅，两侧为东、西厢房。大客厅为硬山顶三开间前廊后厦建筑，厅内上方横悬着"銮坡独步"四字大匾。相传，康熙帝曾派人在大客厅内宣读圣旨，称顺天乡试录取者皆国之栋梁，为李蟠平反昭雪。直到一百年后，嘉庆帝还派人在此宣旨，封李蟠后裔为"布政司经历加二级"，此圣旨现在仍珍藏在李蟠后人家中。李蟠的一些弟子做官后不忘师恩，也到此拜会老师。"銮坡独步"四字，即由李蟠的门生，雍正帝的心腹大臣年羹尧所书。三过邸位于大客厅以东，由此进入三进院。院中三间正房，名曰净庐。四过邸位于净庐以东，由此进入四进院。院中有三间堂楼，名曰来青楼。两侧有东、西楼各三间，为大院主人生活的场所。

东、西两院各三进。东院随墙门内为学屋院。院正中有两层高的藏书楼，两侧有东西学屋，体现了李家以诗书传世的家风。藏书楼一楼还兼作通向二进院的过邸，由此进入二进院，迎面六间堂屋，为大院的厨房。厨房后向西有座静谧的小院。院内有药香书屋三间，廊式建筑，前廊两侧山墙上各开一座精美的砖砌碹门，西侧碹门可通向中院的净庐。相传，药香书屋是李蟠闭门著书的地方，他晚年的《偶然诗集》《根庵文集》等著作，想必都诞生于此。

图 2-87 圆山风火山墙

图 2-88 东侧门

图 2-89 东南角学屋院门

图 2-90 建于民国时期的东便门

图 2-91　风火山墙气势仍在，且和徽派风火山墙大不相同　2012 年摄

三进院有东花园，西院一进院为粮仓和马号，二进院为祠堂院。院中有三开间祠堂，堂上横悬着"陇西堂"三字大匾，为李氏宗族的祭祀场所。三进院还有西花园，它同东花园都处在状元府的最后方，这里地势高爽，极目远眺，云龙山蜿蜒起伏，黄河波涛汹涌，尽收眼底。

李家大楼坐落在徐州古城南门外的户部山西坡，崔家巷南侧，其东侧为苏家院，西侧为王家院，北侧与崔焘故居隔巷相邻（图 2-92~图 2-96）。李家大楼建于民国初年，由民族资本家李华甫先生请青岛建筑师设计，车村帮工匠团队建造。院落坐南面北，东西长 33 m，南北宽 32 m，占地面积约 1 050 m²，建筑面积 485 m²。建筑采用中西合璧的营造手法，西式平面布局、西式结构及室内外装饰，中式屋顶合瓦屋

图 2-92　拆除前的李家大楼

图 2-93　修缮保护后的李家大楼

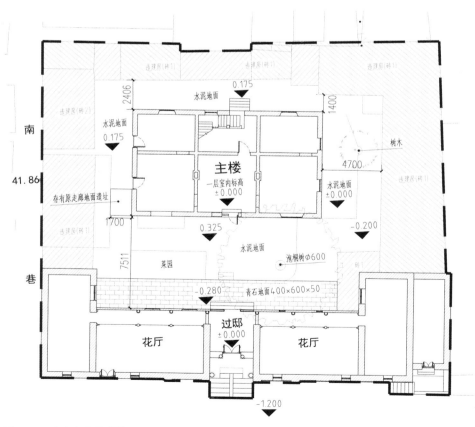

图 2-94　李家大院平面图

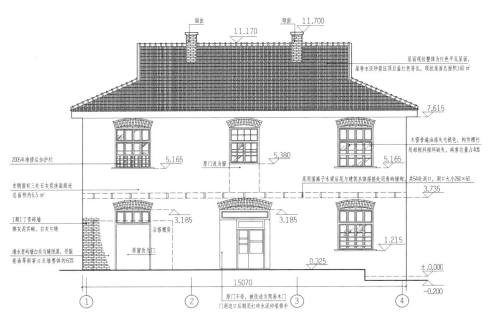

图 2-95　李家大楼正面

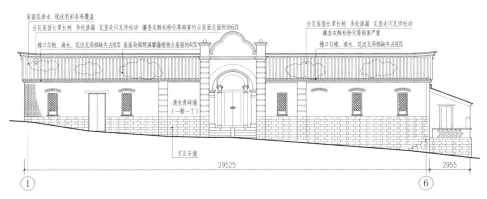

图 2-96　李家大楼门头及两侧花厅

面。现只存有主楼，该楼为两层砖木结构，一层周围建有回廊，二层四面有门可到露台上活动。其余建筑已于 2002 年被拆除，两年后过邸等建筑在原址上复建，是户部山上唯一有三面围墙的大院。

李家大楼因其造型别致，样式新颖，有"徐州第一楼"之称。2006 年户部山古建筑群被国务院公布为全国重点文物保护单位，李家大楼名列其中。

2.3.3　从崔焘故居的空间特色和修缮工程谈车村帮营造技艺

崔焘故居在户部山南侧崔家巷北，是徐州清代崔焘的宅园，从西向东由上院和下院两部分组成，都属于全国文物保护单位户部山民居建筑群的一部分，20 世纪 90 年代和世纪之交，崔焘故居亟待修缮，孙统义的徐州清源古建园林营造有限公司承担了其中上院的修缮设计和工程施工的任务，因而崔焘故居尤其是其上院是车村帮的前辈和当代传人前后两次施展其技艺完成的成果，在此一并做些介绍。

我们接到修缮保护崔焘故居上院的任务后，首先清除了院内的乱搭乱建和已经倒塌的建筑物，发现了很多老的构件。如：进堂屋檐下的荷花大脊和残损的鱼尾兽勾滴瓦当残件和原有的踏步（被挪用到别处）等等。在发现大客厅和腰廊上的雕花大部分被人偷走后，我们请来了文化局的领导和崔家后人，建议把残存木雕取下来保存，以便留下以后修缮保护的依据，得到了文化局领导的同意。

当孙继鼎爬上梯子，扫去木雕和大梁上灰尘后，发现了残存的大漆和彩画，后来聘请故宫博物院王仲杰、杨红和彩画专家蒋广全等专家来到徐州考察，我们发现的徐州地区四处彩画遗存和周边地区的彩画形式，专家们最后确定为苏式彩画的徐州特色做法。

修复崔焘故居时需要补充构件，如脊兽瓦按原件规格和原工艺、原材料复原烧制，石料缺失部分按原石料颜色品质手工绘制。

崔焘故居上院修缮保护前的勘察设计，20 世纪 50 年代原布局房屋基本完好，尽管有些房子已经残破。到六七十年代才逐渐盖起了一些建筑并越来越多。1999 年拆迁时房子的主人都没改变，但搬迁过后一片狼藉（图 2-97）。

因上院建在西山坡上，虽然建院有些地坪进行了调整，但仍然是东高西低，对雨水的排出方向有所控制，小前院在接脚石北侧留有排水孔。

谢恩坊院从腰廊南山墙外和杂物房结合处有一阴沟排水，大客厅南山墙和倒座房之间有一个短墙，下留有排水口，排水口的大小规格有三指狼子（黄鼠狼）、四指猫之说，意思是只有黄鼠狼和猫、老鼠等小动物可以进出，狗进不来也出不去。上院二进院和一进院排水路线几乎相同（图 2-98、图 2-99）。

崔焘故居上院在施工期间还开了一个以罗哲文先生为首的古建专

图 2-97 修复前 2000 年前仅存大院——全景

图 2-98　阳口（排水口）（一）　　　　　　　　　图 2-99　阳口（排水口）（二）

家评议会和一个以故宫博物院彩画大师王仲杰先生为首的徐州地方特色彩画研讨会。

　　罗哲文提议崔焘故居上院环境整治和修缮保护工程竣工后出一本工程报告。孙统义、孙继鼎编著了《徐州崔焘故居上院修缮工程报告》一书，该书于2010年9月由科学出版社出版发行，罗哲文亲笔为该书题写书名(图2-100)。

　　图 2-101~图 2-103 为罗哲文先生为《徐州崔焘故居上院修缮工程报告》题写的序言。

　　我们单位接受该工程任务后，经有关部门的批准后，我们作了进一步的考察。首先和市文化局有关负责此工程人员一起请回原住民座谈，收集一些资料；接着拆除院内乱搭乱建的违建房，并和博物馆相关人员一同对部分遗址进行了考察，得出了确切的证据和相关的构件实物，在清理院内大量垃圾时，发现有檐口掉落的勾檐滴水、花边残件和一些屋顶残脊残兽，如上院二进正房花板脊和脊兽的残件，谢恩坊的基础和散落在院子不同地方的踏步石。发现了小前院堂屋东山墙的旱厕所，和只剩下一层的更楼。再次请来原住民确认制定施工图，请来车村帮老艺人考察 20 余人次，大家一致认定是车村帮营造技艺的特点。

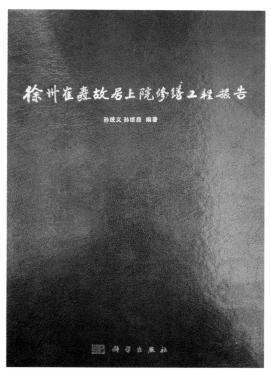

图 2-100 《徐州崔焘故居上院修缮工程报告》（科学出版社）

崔焘故居是"徐州户部山古建筑群"的
重要组成部分。二〇〇六年五月被国务院列为
全国重点文物保护单位。
徐州正源古建研究所和清源园林工程有限
公司在承担崔焘故居上院修缮工程中坚持"不
改变文物原状"的文物法原则，把研究工作贯
彻于整个工程的全过程之中，认真测绘、深入
调查，随着工程的进展和遗址遗物的发现及

图 2-101 序言 1

时调整完善，制定出严谨的科学修缮方案。
在施工中认真贯彻执行"原型制、原结构、原材
料、原工艺"的修缮方针。并尊重地方文化特
色，坚持保留徐州地区传统工艺技术和非物质
文化遗产的传承，使崔焘故居上院的真实性
和完整性得到了充分的体现。
徐州崔焘故居上院工程报告，全面总结
了这一修缮工程的全过程，内容丰富图文并茂

图 2-102 序言 2

是一份完整的科学记录档案资料，功不可没。
值此即将出版发行之际，特赘了几句短语冗
言请教读者方家高明并借以为此书出版之
祝贺。
二〇一一年辛卯初夏
时年八十有八
罗哲文

图 2-103 序言 3

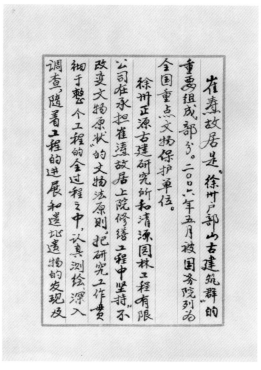

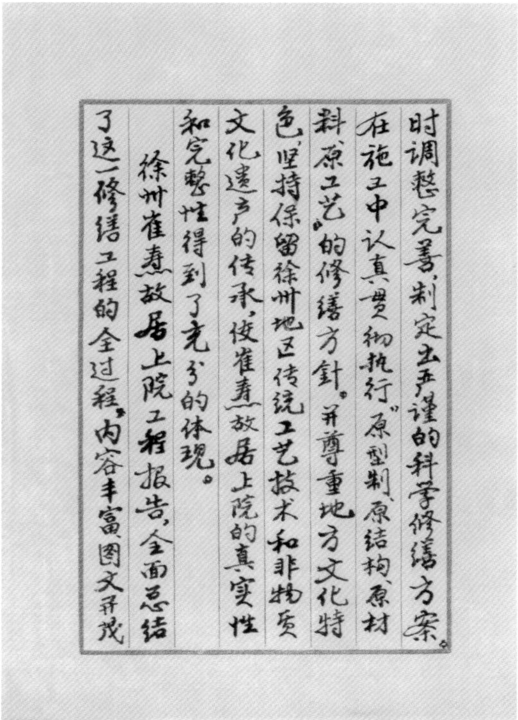

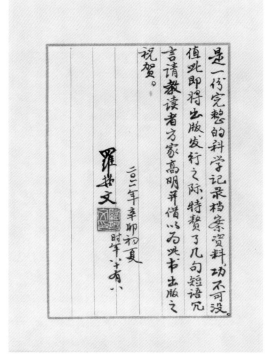

1）崔焘故居体现了徐州地方民居山体建筑的空间特色

（1）崔焘故居上院（图2-104）

从崔焘故居下院功名楼前沿崔家巷（图2-105）向上走，从左掖门起到上院倒座房后墙西山止，有一段约20 m左右的院墙，是根据山体的坡度和崔家巷的走势砌筑的。墙高约3.5 m，上、下高度落差约2.5 m，向内弯约1.5 m，青砖砌筑合瓦压顶。人若经过这段院墙的时，说话、走路都有清晰的回声，所以被称为回音壁。过回音壁继续上行20 m就到了上院一过邸。一过邸大门为崔家大院的偏门，门下有闸板，门内侧有腰栓，非常坚固，进门面对是一座影壁。影壁字堂中间镶一个偌大的"福"字，字堂两上角是砖雕卷草龙图案。影壁中间下方地坪上有一个长约70 cm，宽约40 cm，深度不到2 cm的石槽，石槽中间堆砌有一块约1 m高的假山状吸水石，石槽加满水后一天就能被吸水石吸干，只有每天不断加水石槽内才能有水。据说这是崔家教育后人"业精于勤"的地方。影壁向东有三间倒座房，倒座房东头有一间三层小楼，叫更楼（图2-106、图2-107）。上到更楼三层，崔家上院内外一览无余，更楼上夜晚有人打更坐班。影壁向西是一个岔路口，向北过谢恩坊可到二进院东院，向东可通小前院，向西可通客厅院，向南可进倒座房。谢恩坊前有块方形石板俗称"谢恩石"。据说清代有一次皇帝下旨褒奖崔家，崔家曾在此磕头谢恩。谢恩坊东边的小前院是一个独立的空间，有堂屋三间、东屋三间和通向后院的过道一间组成。东北角围墙和过道山墙外一个三角形地块上搭有一坡屋顶，

图2-104 崔焘故居上院修缮后全景

底下有两块蹲石，就是徐州古民居具有代表性的厕所，俗称"巷口子"。小前院的形成是把影壁东侧用砖砌死，影壁西头向北是小前院的门楼。小前院巧妙地借用了南边的影壁、西边的谢恩坊垛墙形成了一个围合的院落。院内栽有一株石榴树、一株红梅、二株海棠和月季数株。院落的设计充满了智慧，人居其中觉得一切都那么自然。

从谢恩坊向西是上院最辉煌的建筑部分，大客厅、鸳鸯楼、雕花腰廊都是徐州民居的精华。院内栽有桂花、蜡梅、红梅、紫薇、牡丹等花木，花开四季，阳光明媚，是一个理想的休息接待

图 2-105　修缮拓宽后的崔家巷　2017 年摄

图 2-106　崔焘故居上院门楼过邸及更楼　2007 年摄

图 2-107 从崔焘故居上院院内回首看过邸、照壁和更楼 2007 年摄

场所，崔家没有戏台，唱堂会时把客厅的花棂门摘掉，成为开敞空间作为戏台，客人则坐在雕花腰廊内品茶看戏，别有一番情趣。设计者极富想象力，体现出井然有序与和谐之美。

　　谢恩坊到二过邸大门下站定，回头可看到一过邸、谢恩坊、二过邸在一条东南方斜线上，这条斜线所指正是"紫气东来"的方向（图 2-108）。二过邸中部有四扇遮门，挡住了进入二进院的视线，遮门两边的腰板上雕刻的八种图案（暗八仙）和裙板上雕刻的牡丹、月季、菊花、梅花分别代表八位仙人和春夏秋冬四季，做工精湛的木雕给生硬的遮门增加观赏性和文化内涵。打开遮门东侧一扇进入二进东院，院内环境宁静、平和。二进东院是一方形院落，有东堂屋三间、大东屋三间和东偏房两间组成。东偏房门前有一角门，可通后院。偏房后面有一小门可通小花园。二进院和二进西院中部有一腰廊把两院分开，穿过腰廊到二进西院。二进西院由堂屋三间、鸳鸯楼五间和腰廊三间组成。院西侧有一门楼。据崔家后人讲，上院二进是当年他们的私塾学校，后来人口增多才作为住宅。出二进西院随墙门楼是五间西屋，曾是仓库和厨房。北侧有一门楼称为三过邸，出三过邸向西拐可通下院（图2-109）。崔家上院依山而筑，设计紧凑，因地制宜，错落有致，独具匠心，做足了土地的文章，使有限的空间发挥了最大的作用。

（2）崔焘故居下院

当我们沿着悠长的崔家巷，走到崔家下院功名楼前一过邸，顿时感到豁然开朗。功名楼因楼内挂有"进士及第"匾额而得名，功名楼位于巷北凹进6 m多的地方，在门前形成一个小广场，东为左掖门，西为右掖门，广场两侧有上、下马石，还岿然屹立着两根数丈高的旗杆，徐州百姓称之为"崔家旗杆"。功名楼对面，崔家巷南侧是一座"八"字过路照壁。过路照壁一般都是由有社会地位的官宦人家所建造，明确地告诉人们这条路是我们的，即使没有下马牌，行路人为了表示尊重，骑马、坐轿也都会下来。穿过一过邸迎面是一座"一"字影壁，向西是佛堂院，佛堂院有主房西屋三间，佛堂是崔家专门烧香拜佛的地方。再向北过二过邸，又有一小影壁。小影壁西侧有一小门可进入祠堂院，院中坐北朝南有一座硬山顶三开间祠堂，祠堂院是由祠堂、西头三间小祠堂和三间小厅组成，大殿内摆有神龛和牌位。在深受儒家宗法观念影响的古代，祭祀祖先是宗族最重要的活动。过去这里除了定期举行祭祀之外，还是崔氏宗族重要的议事场所，议事一般在小厅进行。出祠堂院向东穿过三过邸，就

图2-108 户部山上唯一一处位置抢阳的作品实例

图2-109 上院三过邸

进入大院主人生活的后宅堂楼。堂楼是崔焘的出生地，典型的徐州民居风格建筑，明间墙上伸出一对插拱，托着简单而自然的屋檐，两侧山墙上镶有"狮子滚绣球"的山花，具有浓郁的徐州民俗风情。出堂楼院向东是东跨院，东跨院有东屋七间称为大东屋，是家人主要居住场所。两头各有三间过道，北过道可进入客房院，南过道通往粮仓马号。穿过粮仓马号到亭子院，亭子院因有一四角亭而得名，在这里亭（停）子院另有别用，上院西屋有一废头，风水中认为不祥之物，应用亭（停）化解。亭子院有一门楼向南可到小南院，小南院有堂屋三间、东屋三间、西廊三间和南廊二间。小南院外是院墙，院中有一棵百年石榴树，石榴树开花奇特，花形如月季，花瓣重叠，先为红色，后为白色。石榴个头硕大过斤，夏能观花，秋能品果，庭院内栽石榴树实为徐州民居的一大特色。从亭子院向北是一不规则四合院，由大厅三间、东西屋各三间和过道三间组成。据崔家后人说这个院子称小客屋院，是专门接待内亲的地方。东厢房北头有十二层踏步可到达崔家上院（图 2-110）。

（3）崔焘故居客屋院

客屋院背依户部山，面朝繁华的南关上街（今彭城路），是崔家大院中最气派的院落。西院坐落在一条清晰的中轴线上，依次分布着三座过邸。穿过这三座过邸，才可看到一座山顶三开间的大堂，崔家在这里接受朝廷的圣旨诏书。大堂一周绕以檐廊，就连石砌的踏步侧面，也雕刻了云纹图案，气势恢宏、

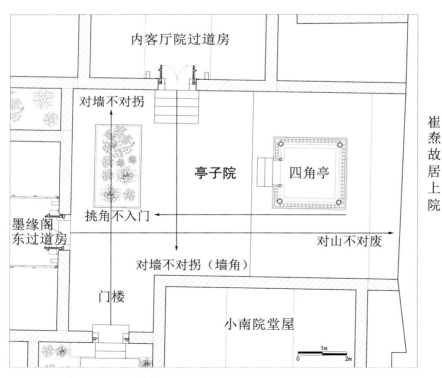

图 2-110　亭子院和周边环境构成平面图

美轮美奂，或许是象征着崔家的平步青云。客屋院北侧有藏书楼、学堂屋和馨悦轩，是客屋院的后半部分，两小院的后门可直通崔家上院的后花园。客屋院大门前有一对石狮，南关上街的过往行人，经过这里都能感受到官宦世家府邸的威风。街西原有一条河流，碧波倒映着户部山上的亭台楼阁，也是客屋院占尽"背山面水"的地势布局。而坐北朝南的崔家下院和上院，属于"负阴抱阳"的布局。它们共同构成了整个崔家大院"背山面水朝阳"的最佳宅基地标准，弥补了在山之西麓建宅风水上的不足（图2-111）。2002年后，客屋院随着户部山的开发整治而被拆除，现仅存在原址挖出的客屋院大门阶沿石（图2-112）。

崔家大院早在1993年就被公布为徐州市市级文物保护单位。从历史沿革上讲，它是崔家明清两代翰林故居，历经崔氏家族20余代的经营，先有下院，

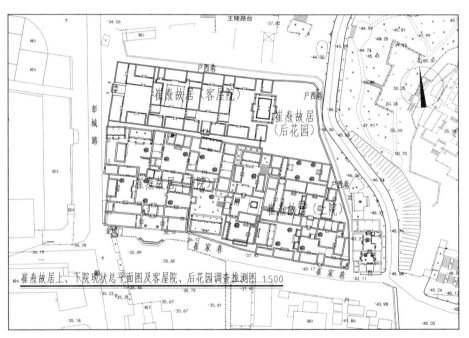

图2-111 崔焘故居现状总平面图及客屋院、后花园调查推测图

图2-112 客屋院大门阶沿石（长2.77 m×0.53 m×0.29 m）

后有上院，最后才形成客屋院；从文物价值上讲，它是徐州目前仅存的一座较完整的古代官邸，其中崔家下院的祠堂，上院的大客厅、客屋院的大殿均属上乘之作，代表着一个时代的建筑艺术水平，有着丰富的文化内涵；从风格上讲，它承南袭北，体现了"五省通衢"的徐州对不同地域文化的兼容并蓄；从布局上讲，它有着传统四合院的严谨结构，同时又因势修造，不拘一格，对后世为避水灾而修筑在户部山上的民居产生深远影响，并构成户部山古民居在中国民居建筑史上鲜明特色。

形成户部山古民居不拘一格的原因：

①为躲避洪水在户部山上建房者有的甚至缺少长久居住的打算；

②户部山地处徐州南门外，没有城墙的保护，因此院落封闭、墙体厚、房屋没有后窗、大门简单坚固；

③户部山体小，建房者多，宅基地见缝插针，所以产生了一些不规则、曲进错位的院落；

④房屋有的建在山腰上，有的建在山坡上，有的建在山脚下，需要开动脑筋，打破常规，因地制宜的设计建造。

总之，简单、安全、拥挤，特别的地形地貌形成了户部山古民居的不拘一格。

听胡传会师傅和师伯杜庆标之子杜长震说，车村帮和其他工匠团队的技艺，有以下几点不同：

第一，传承有口诀。

第二，"插花云燕"刮风时有鸣叫声音。

第三，调脊不用线、升起从中间开始，脊头平缓翘起。根据房屋地位同是大小怀脊，但有大、中、小等多种标准。用"怀"（豆瓣砖）的立面高低和上下线砖的层数来调制脊的体量。

第四，正脊和垂脊下做白色包口灰（图2-113）。

第五，烂砖不烂墙、对缝不伤砖，不浪费用户材料（图2-114，图2-115）。

车村帮工艺特色做法是祖师爷们为保护自己技艺设定的保护规矩，只传授给本门弟子。

2）崔焘故居上院经典建筑

崔焘故居上院建筑的设计和建造改变了上院两进院东西狭长、南北较短的布局，形成了既南北曲径通幽，又东西轴线贯通而灵活多变的和谐布局，使整个上院的空间序位丰富而多彩，视觉形象顺畅完美，同时结合山地地形和宅院功能需求，各单体建筑都有各自的特色，实为户部山古民居群中的代表作。现将其主要建筑物所体现的徐州特色分述如下：

（1）更楼

更楼是一间面北的三层小楼，面阔2.72 m，进深4.42 m，建在崔焘故居

图 2-113　白色包口灰

图 2-114　崔焘故居上院小前院东屋南山墙上烂砖不烂墙（八种规格的残砖）

图 2-115 对缝不伤砖，为节省青砖五顺一丁"里生外熟"墙，丁砖在不影响墙体结构的情况下尽量不伤砖

上院东南角的制高点上，内有楼梯可到顶层，顶层四面都有瞭望窗，可观察到不同方向的情况，显然是为了保护庭院的安全而设置，在夜晚不但有人值班还要报时，所以名为"更楼"。其实崔焘故居上院更楼还有其他方面的需要，崔焘故居建在户部山西坡是山阴，所以抢阳就特别重要，更楼所在位置按崔焘故居上院小环境讲，属巽位，巽为生气，紫气东来大吉，而且，高于周边房屋的小更楼增加了上院的气势，显得崔焘故居上院生机勃勃。

小楼外观朴实，内墙砖砌墙体，白麻刀灰粉刷，外墙青砖耕缝，墙体结构特点和其他房屋墙体相同。两坡硬山屋顶上安装"五脊六兽"，小中见大，为崔焘故居上院的标志建筑之一（图 2-116、图 2-117）。

（2）谢恩坊

谢恩坊建在二过邸大门左前方，和一过邸西侧面北的三间倒座房大门相对，是一座两柱单楼牌坊，它像一颗镶嵌在崔焘故居上院的珍珠。四块条石砌成的台基，形成每边两步台阶，台阶长度 3 m，上两块台阶宽 0.58 m，下两块台阶宽度 0.48 m，厚度都是 0.25 m，每块条石重量都在 0.5 t 左右。细观条石纹理颜色，判断是"他山之石"。这样一块石头在当时的运输条件下，从某一山上采下，加工装运到户部山下，然后用人工运到山上安装，其困难程度可想而知，同时也反映出谢恩坊是一处重要建筑。谢恩坊每边二级踏步寓意喜事成双，双面四步台阶称为事事如意，加上中心两块铺地石为六六大顺。上院所有的房屋台阶都是单数，唯独谢恩坊这个单体建筑为双数，单数为阳双数为阴，阴阳调和万事皆兴。

图 2-116 崔焘故居上院东南隅的更楼 2009 年摄

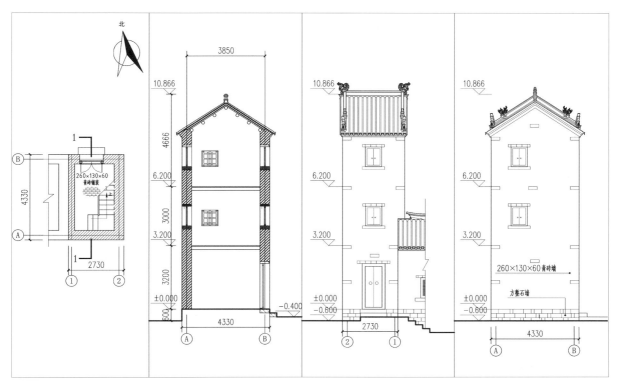

图 2-117 崔焘故居上院东南隅的更楼平面、立面、剖面图

谢恩坊整体由台基、站柱、垛墙、插拱木结构和屋面组成，两根站柱插入台基1.3 m，可能是受地形限制，站柱两侧没有使用常用的戗杆，而改用了垛墙，站柱一半砌在垛墙内，垛墙长1.80 m，宽0.50 m，高2.90 m，垛墙两侧中部各有一段院墙顶住垛墙中部，垛墙的两头都形成了丁字形结构，使谢恩坊既不能前后摇晃，也不能左右摆动，保证了谢恩坊整体的稳定。

谢恩坊上部属垂花门形式，两根站柱三跳插拱承载着檐檩，两头檐檩下安有四个垂头，垂头外侧的檐檩两端挂有风铃，垂头形状是木雕莲蓬头，写实手法，雕刻艺术精湛，莲蓬头木雕和垛墙墀头砖雕为一整体设计，墀头砖雕较为简单，刻有荷花、荷叶和水纹图，藕在水下。谢恩坊的门楣上镶有雕刻精致的一对门簪，为万卷书样式，象征着崔家书香门第，门楣上还有一横匾，上书"谢恩坊"三字是中国近代书法大家、清末徐州籍举人张伯英所题。谢恩坊屋面的承重结构，由一根脊檩和两根檐檩、正身椽和飞椽组成，椽距以笆砖长度决定，飞椽收头做法，檩条两头镶博风板，椽子上檐口部分铺托泥板，其余部分铺笆砖，笆砖披银线，笆砖上抹千年灰三遍，两头做披水，合瓦屋面花板脊"五脊六兽"。谢恩坊屋面虽小但浓缩了徐州古民居的优秀传统木工营造技艺和屋面做法。椽子的制作安装、笆砖的铺设、瓦垄的安排、兽脊的分布、脊块的摆放等做法，把传统文化内涵和徐州地区的民风民情，作出了详尽诠释，另外按照崔家的社会地位，正脊兽应该是张嘴兽，可谢恩坊却用了闭嘴兽，表现了崔家谦虚谨慎的处世思想。牌坊作为一个院落的特殊建筑，可以说它是一个时期某一特定环境下文化产品、非常值得品位（图2-118～图2-121）。

图2-118　崔焘故居上院谢恩坊正面

图 2-119　崔焘故居上院垂花门谢恩坊　2010 年摄

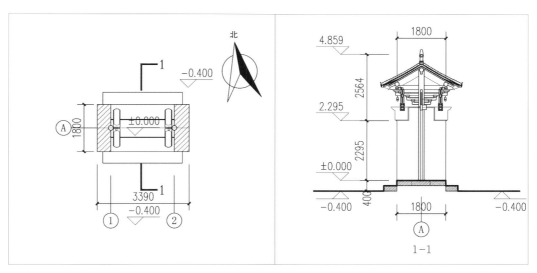

图 2-120　崔焘故居上院谢恩坊剖面图

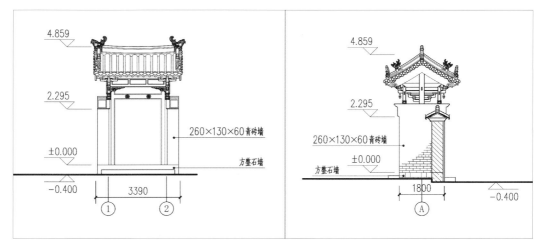

图 2-121　崔焘故居上院谢恩坊正面、侧面图

（3）雕花腰廊

徐州古民居是个木雕工艺不多的建筑群体，雕刻只表现在檐下花板，花棂门裙板或一些特别讲究的厅堂建筑梁架底部，而崔焘故居上院雕花腰廊除以上所提到的雕刻部件外，有一块双面雕刻的"春华秋实"图，春华秋实图镶嵌于腰廊中间上方，属雕花飞罩类，对腰廊起到关键性装饰作用，成了大客厅院的一道重要风景，雕花腰廊因此得名。雕花腰廊建于牌坊院和大客厅院的中部，它的定位解决了两个大问题，一个是两进院落坡度问题，崔焘故居上院建在户部山西坡山腰上，东西落差较大，腰廊做地基时通到台阶，从牌坊院很自然地过渡到大客厅院。另一个是空间分配问题，如果上院一进院不用腰廊分割，上院的秩序就可能比较混乱，一过邸、谢恩坊、二过邸实际上是一个行人通道，人来人往，而大客厅则需要一个相对安静的环境，腰廊的设计建造解决了这一问题，使这个院落闹中取静，内外有别，符合中国人待人接物的场所要求。

腰廊作为进入大客厅院的通道，关起门来即为独立院落，腰廊面阔三间，进深 2.62 m，檐高 3.35 m，两次间用落地长窗和花棂门围合，形成两个独立空间，可以作为单独接待一般客人或听看堂会，下两步台阶进入腰廊中间，向南向北可分别进入两个单间，腰廊室内地坪低于牌坊院二步 0.40 m，腰廊的长宽高当年的设计者都颇费了一番心思，长了不行，按照腰廊的地位长度不能超过大客厅，并且影响到南边的杂品间进出和北边鸳鸯楼的光线。高了不行，如果东檐口调高，从牌坊院看很不协调，而西侧檐口就要高过大客厅。宽了也不行，两边已没有容纳宽度的空间，用长一寸则长，放一寸则宽的定位来衡量腰廊体量，一点也不为过。可以说雕花腰廊的设计定位，非常科学，颇费心思，恰到好处。

雕花腰廊是大客厅院的门户，外实内虚，所谓外实，东侧只有一个门，其余为砖墙，外人不易进入；所谓内虚，廊内空间非常开放，一廊多用。腰廊的结构做法是徐州地区比较典型的，特别月梁斗拱座，带有简洁的木雕，美观大方，别具一格，其观赏性比江南园林的亭廊毫不逊色。腰廊屋面同其他屋面做法一样，只是采用了透风花脊，在全院的屋面中显得洒脱而飘逸（图2-122~图2-124）。

（4）鸳鸯楼

在户部山古民居建筑群中，建有鸳鸯楼的共有三处，一处是在老盐店中部，早已被毁；第二处是在翟家大院，大修后改变了原状，所挟带的历史文化信息已被破坏，成了一座假古董，已无太多价值；仅存的一处就是崔焘故居上院的鸳鸯楼。

鸳鸯楼实为阴阳楼。不单"鸳鸯"与"阴阳"谐音，而在文化的深层涵

图 2-122 崔焘故居上院雕花腰廊正面 2012 年摄

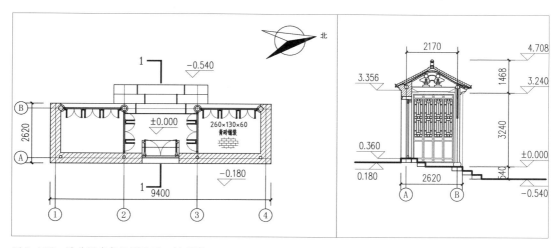

图 2-123 雕花腰廊复原图平面、剖面图

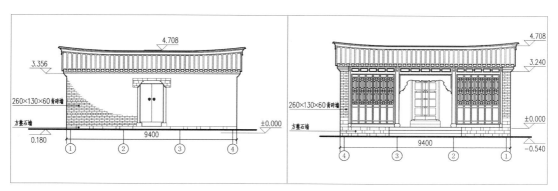

图 2-124 雕花腰廊复原正面、背面、屋顶图

义上，这两者亦水乳交融，交相辉映。该楼既是匠心独运的设计，又是因地制宜的产物；既是天时、地利、人和的结晶，又是妙手偶得的神品。让我们先从鸳鸯楼的字义上说说就很有情趣，其中蕴含着博大精深的民族文化。鸳鸯是人们公认的忠于爱情的禽鸟，而楼房用"鸳鸯"二字是为何意？楼房无论建在什么位置都与阴阳有关。南为阳，北为阴；东为阳，西为阴，人所共知。鸳鸯与阴阳是谐音，在比喻性的含义上也基本相同。称其"鸳鸯楼"，人们自然联想到一对双宿双飞的小鸟，充满吉祥之意。如果直呼"阴阳楼"，就容易与阴差阳错等不好的东西相联系。徐州人把"阴阳楼"称为"鸳鸯楼"确实有过人之情和超人之智。

鸳鸯楼上下两层，利用山坡的落差建造、不设楼梯，朝向相悖，楼前后各自开门，通往前后高低不同的院内地面。鸳鸯楼巧妙地解决了山体建筑地面落差大，又要形成多进四合院所带来的困难，具有很高的实证价值和学术研究价值。

崔焘故居上院鸳鸯楼坐落在现存建筑中排西半部分，上下各五开间，一楼面南，东头三间中间设一门，上有门罩，次间各有一窗；西头二间，东间留一门，西间留一窗，面对大客厅山墙，室内光线较暗。鸳鸯楼一楼与大客厅、待客厅、雕花腰廊，共同组成有接待来宾功能的上院西跨院。二楼面北，东头三间大门和北面三间堂屋大门相对，西头两间属暗间，有内门和外三间相通、属明三暗五的房屋布局。北面除一门外，每间都留有竖棂窗一个，而南面只有最西头一间有窗相对。鸳鸯楼上层五间和堂屋三间、西屋五间、腰房三间共同组成上院二进西跨院，西跨院是崔氏家人居住的内宅后院。

崔焘故居上院鸳鸯楼梁架采用徐淮地区常用的梁架结构——重梁起架（又名叉手梁），此种梁架由水平的大梁和斜的两根叉手组成三角形的结构体系。三角形内围由水平的二梁和三根站柱支撑。此种梁架结构利用三角形的坚固性原理，将上部屋面各向荷载稳妥地转化为垂直向下的荷载。该楼大梁大头 ϕ 18 cm，小头 ϕ 16 cm 杉木，大头在前；叉手大头 ϕ 16 cm，小头 ϕ 14 cm，小头在下。而同跨（5.34 m）上院大客厅台梁式梁架的大梁直径为29 cm，此种梁架相对简单经济，而用料约为抬梁的三分之一。梁架承重能力很强，简单而不失大雅，非常符合传统文化的平衡与对仗理念和审美观。楼面的木龙骨用 ϕ 14~ϕ 16 cm 的杉木排列，间距 65 cm 左右，上铺当地产的柳木楼板，接头分别错开，以增加其整体性，二百多年来基本没有大的变化。可能是为了隔音和防潮的原因，楼板上被铺有厚度 6 cm 一层青砖，加上灰缝总厚度达 8 cm，经计算 120 kg/m² 的重量，加上上面住着一家人和其他物品，其承重能力真叫人不可思议。

追溯构成鸳鸯楼的必备条件和所要解决的问题，是由于水淹徐州，当时户部山寸土寸金，地价昂贵，竞争激烈，买一处宅基地非常不易，所以整个户部山民居建筑因地域限制而使房屋相对较小。因此，设计者煞费苦心把四合院布局设计得非常严谨，鸳鸯楼的设计既解决了山体落差大所造成的空间序位的突出变化，又解决了多进合院地坪落差大所造成的两院过渡困难，还充分提高了土地利用率。鸳鸯楼的出现顺乎自然，符合这一特定时期、特定环境的要求。

鸳鸯楼的文化内涵和实用性，使中国四世同堂的儒家思想和宗法观念得到了最充分的体现。一般的四合院，其实不是真正的四合院，只是三面门窗相对，三面相合，而另一面只能对着另一房屋的后背。鸳鸯楼解决了这一问题，使其所处的院落，四门相对、四面相合、四水归堂、四世同堂、长幼有序，相互呼应、交流方便，居住期间人们心中踏实，有安全感，增加了小院的亲和力及人气。聚祖而居的几代人既能分屋而住，又能和谐相处，且保证各自的私密性等多种需求。这种家居氛围的构成，鸳鸯楼起着"起承转合"的作用。

鸳鸯楼虽然称为楼房，居住者从来没有住楼的感觉。鸳鸯楼"不动声色"地和平房融合在一起，使居住者入室方便，不爬楼梯，老少皆宜，显然是整个大院的神来之笔。（图2-125～图2-129）

图2-125　鸳鸯楼南侧门罩

图 2-126 鸳鸯楼南侧一层门罩 2010 年摄

图 2-127 鸳鸯楼二层背面北门

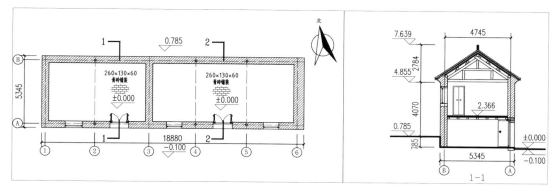

图 2-128　崔焘故居上院鸳鸯楼实测图（一）

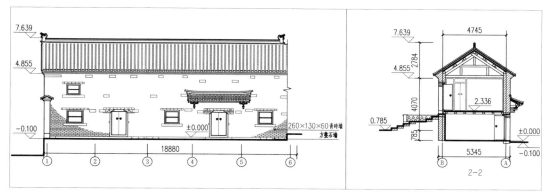

图 2-129　崔焘故居上院鸳鸯楼实测图（二）

（5）大客厅

崔焘故居上院大客厅面阔三间，进深较大、前廊后厦，坐落在上下院交界处（图 2-130~图 2-132）。前檐后檐在下院，前后檐墙高落差 2.5 m，合瓦屋面，因前廊宽于后厦，所以屋面前后短、前坡较长的屋面很有气势。脊饰为"插花云燕""五脊六兽"，花板正脊、垂脊表现出动物、植物、宇宙构成的和谐空间，同时也表现出人对大自然的敬畏之情和天人合一的居住理念。

门前三步踏步与大客厅同长并和上部檐口瓦件上下呼应，使大厅更加显得稳重有神。客厅墙体厚度达 60 cm，外墙从下至上错落的分布着四层印子石和虎头钉，墙角处印子石长度达 0.8 m，这些加固措施使墙体非常坚固，又充满着韵律。大客厅两山尖镶山花，抹有山云，两山墙前檐垛头上刻砖雕，这些工艺作品都是大院内重要建筑的标志。

室内是高等级的方砖铺地，下部周边墙面用的是装饰效果很好的水磨白缝砖作为墙裙，前廊两头为龟背锦图案磨砖对缝砌筑，有很强的视觉效果。其余墙面为白麻刀灰粉刷，使室内光线较为明亮。前廊两次间安有座凳。金柱明间为花棂门，两边为落地长窗，花棂门和落地长窗的额板、腰板、脚板和裙板上都分别刻有花鸟鱼虫、三国时期的人物和造型各异的花瓶。后遮堂（屏门）由四块加工好的木扇门组成，可开可合。大梁梁底镂空雕刻，三架梁以上的老云头刻有鹿衔灵芝，垫子、花芽子和脊檩垫方都雕刻精致。所有的雕刻部分都绘有精美的彩绘，是雕梁又画栋做法。大厅内摆放的全为红木明式家具，有条几、八仙桌、春凳、太师椅，气势非凡。大厅北次间摆放卧榻，中堂和西山墙分别挂有明清名人字画和楹联匾额，体现出"室雅何须大，花香不在多"的审美观。

大客厅的整体设计尤其是地势的利用，以及院落和其他房屋构件呼应关系，体现了主次分明的协调性，其施工工艺和地方特色实属徐州古民居中的上乘佳作，是崔焘故居上院优美音乐韵律中的一个重要音符。

另外，崔焘故居上院的脊饰构件、山花山云、勾檐、滴水等图案中有牡丹图、荷花图、双狮绣球图、书香静心图、锦上添花图、兰草图、鲤鱼卧波图等，其内容丰富多彩，雅俗共赏，有文人的佳作，也有匠人的工艺，内涵丰富，寓意深远，应加以挖掘整理。崔焘故居不同的勾头、花边、滴水见图2-133～图2-143所示。

3）户部山民居的修缮应用车村帮技艺的几个核心问题

上文讲述了户部山民居特别是崔焘故居的空间特色和单体建筑的特色，照片可以看出这些民居确实体现了徐州地区的民居的地域性和精美的建筑技艺。但是这些照片都是修缮后拍摄的，而在修缮之前这里和李蟠状元府的照

图2-130　修缮保护后的崔焘故居上院大客厅　2009年摄

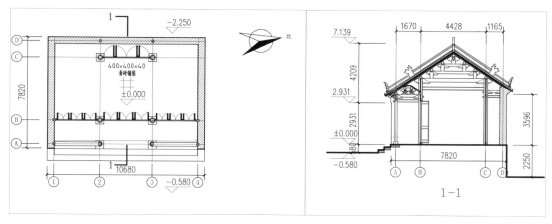

图 2-131　崔焘故居上院大客厅实测复原图（一）

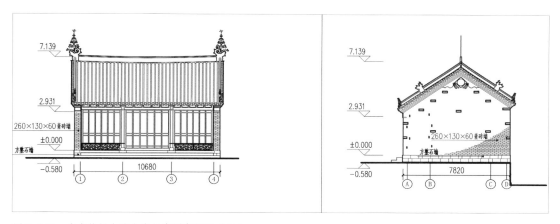

图 2-132　崔焘故居上院大客厅实测复原图（二）

图 2-133　花板脊块-荷花图

图 2-134 花板脊块－荷花图

图 2-135 山花－双狮绣球图

图 2-136 山花－书香静心图

图 2-137 山花－牡丹花开图

图 2-138　瓦件 1

图 2-139　瓦件 2

图 2-140　瓦件 3

图 2-141　瓦件 4

图 2-142　瓦件 5

图 2-143　瓦件 6

片上的建筑一样，是破败不堪、残缺不全的。由于是全国重点文物保护单位，有能力的单位或者是有修缮国保单位的资质才能参与大院维修招标，后来通过修缮后效果的对比，在几家招标维修单位中，继承了车村帮营造技艺的孙统义的施工队伍的修缮效果最好，解决了修缮面对的一系列问题，较真实地再现了户部山原来的徐州地域特色，因而在后续的工程中孙统义及其车村帮技艺才脱颖而出获得承认和推崇（图 2-144）。

图 2-144 修缮保护后的全国重点文物保护单位徐州户部山古民居群——余家大院 2009 年摄

以崔焘故居为例，徐州清源古建园林营造有限公司在孙统义的带领下较好地解决了以下几个修缮过程遭遇的问题：

（1）做好遗产保护对象的历史研究

虽然孙统义是车村帮的传人，能够对崔焘故居的蛛丝马迹做出许多原状的分析推测，但是徐州清源古建园林营造有限公司仍然对崔焘故居的历史开展了调研，力图认识每个宅子的每栋房子的历史功能、几处宅院的来龙去脉和各户户主的历史，前述对户部山几个大院的空间分析就是他们调研的总结。

（2）搜集户部山住宅和徐州老建筑的老照片和老构件

虽然根据经验可以对崔焘故居原状做出推测，但为了获取对户部山民居原有面貌的更多认识，不是仅凭主观认识和既有技法来决定修缮的取向，徐州清源古建园林营造有限公司搜集了不少老照片，根据照片的细部对自己的推测做出引证和调整，尤其是他们注重搜集户部山出土的老的构件，如在崔焘故居上院出土的脊兽构件残片（图 2-145~图 2-147），在户部山的李家大楼搜集到的原有铁制通气孔（图 2-148），在修缮工作中有了更多的依据。

（3）实施"四原"的修缮技术路线

对文物保护单位的修缮强调保存真实载体和历史信息，目前修缮的思路有两大类，一类是当对遗存的历史原状不够清楚，原状的历史信息不充分或者虽然充分但当代修缮工艺无法达到古代要求时，越来越多的修缮方案就是

图 2-145　脊兽构件残片 1

图 2-146　脊兽构件残片 2

图 2-147 脊兽构件残片 3

图 2-148 在户部山李家大楼搜集到的原有铁制通气孔，显示了精致的工艺

保存原物的残缺现状，保存仅有的历史真实信息，这主要发生在对待早期文物遗存的修缮案例中。另一类是当遗存时代较晚，信息较为充分，修缮技艺较为成熟，按照"原型制，原结构，原材料，原工艺"的"四原"原则，通过修缮恢复原来的基本面貌。通过初期的实践，在户部山修缮工程中逐步明确的思路是将户部山恢复到清代和民国初年的风貌。孙统义对车村帮技艺的全面继承显示出的成果坚定了有关领导的决心，甚至在修缮较为困难的彩画的方案上也给予了批准和支持。

徐州清源古建园林营造有限公司注意保留和尽量使用原有的构件，如不会为了增大工程量就换掉原有的尚可使用的石台基（图 2-149～图 2-150）。

图 2-149　在崔焘故居中保留使用的过邸台阶沿石

图 2-150　旧石料虽然风化脱落，为了保护原工艺、原材料，仍然归安使用

（4）吸纳国内先进经验

户部山是全国重点文保单位，省内外不少专家都关注户部山民居群的修缮，或者来这里交流经验（图2-151、图2-152）。徐州清源古建园林营造有限公司利用这个条件，对于以往经验不足的工序持特别慎重的研究态度，自己调研之外还请外地专家指导，崔焘故居彩画的修复就是典型案例。崔焘故居上院大客厅彩绘发现于2000年，当时为了保护遗存的雕花板和梁下雀替不被盗窃，孙统义征得市文化局文物处同意，起掉仅存的几块木雕花板以备复原时留作依据，由公司的孙继鼎和另一人爬到梁架上，准备取下仅存的几块雕花板，当他们爬上梁架拂去灰尘后，发现了大漆、彩画的残存，特别是大梁下部木雕上涂刷的金色和大红的底色，当时大家震撼了，并拍照留存。2006年在编制崔焘故居上院环境整治与保护维修方案时，把彩绘复原写进了方案。2009年全国著名古建筑专家马炳坚来现场考察时，一眼就看到了大客厅前廊月梁上的彩绘遗存（图2-153、图2-154）。

崔焘故居上院西大厅彩画发现于2000年。发现西大厅彩画纯属偶然，当时孙统义只是看到西大厅大部分雕花板和梁雀等木雕已被盗窃，他想，如果所有的雕花板和梁雀都没了，以后的复原就没有了依据，应该取下来先保管好，此建议得到了市文化局文物处夏凯晨处长的同意，于次日就请来了崔家后人

图2-151 江苏省内的专家在户部山听取孙统义介绍修缮情况

图 2-152　我国著名古建专家马炳坚为崔焘故居上院修缮保护成果题词　2009 年摄于崔家上院大客厅

图 2-153　王仲杰、蒋广全、马炳坚、杨红等多位我国著名古建专家考察崔焘故居上院大客厅

图2-154　马炳坚在考察中发现崔焘故居上院大客厅彩绘喜出望外

和市文化局文物处周保平同志一起到崔焘故居上院西大厅考察，2006年，在编制《崔焘故居上院环境整治与保护维修方案》的时候，把发现彩画的情况写进了方案。2007年，我国著名古建专家马炳坚来崔焘故居上院考察时，又发现西大厅前廊月梁上有彩画遗存。

　　这是徐州地区目前发现的第四处彩绘建筑。关于大客厅彩绘复原问题多年都在争论中，2009年秋，大客厅彩绘的复原方案是彩绘遗存较为清晰的部位，按原材料、原工艺、原色彩做，不太清楚的部分按规律做，先做小样供大家讨论，然后由专家认定后再做。孙统义在徐州市建筑协会等组织的支持下，决定召开彩画研讨会，邀请北京故宫的彩画专家来现场论道，在此基础上绘制崔焘故居梁枋彩画，终于获得了专家充分肯定，修缮后也获得了社会各阶层的好评（参见第11章"徐州传统油饰彩画"）。

　　（5）将质量和信誉置于效益之前

　　执行"四原"原则并非易事，在各地不少修缮项目中完全做到"四原"原则的不多。虽然形制、尺寸等可以和原来一样，但是由于时代的变化，材料和加工工艺都已经无法按照古代的标准来执行了。例如石材的加工，在现有的定额管理标准控制下，为了达到定额，大家都是用机械加工，石材加工后失去了原有手工加工的丰富性、变化性和人工的趣味。在修缮崔焘故居的各处台阶时，徐州清源古建园林营造有限公司为了达到古代风貌，一律放弃机械的锯割，连同粗凿和细凿都由人工完成，这虽然多用了时间，但是再现了古代车村帮技艺的风采（图2-155）。

又如古代使用石灰砂浆，当年的石灰是通过淋灰工序将生石灰转变为石灰膏后再使用的。如果今日为省去劳力和时间，直接将生石灰磨成石灰粉，在制作砂浆时兑水完成熟化过程，这种做法熟化时间过短，石灰砂浆中含杂质和未熟化的颗粒过多，会引发开裂起爆。徐州清源古建园林营造有限公司决定从自己淋灰开始来保证石灰砂浆的质量。与之类似，徐州清源古建园林营造有限公司还自己设窑烧造脊兽，从而保证了徐州传统的建筑构件的质量。

成功在于细部，孙统义和他的古建梯队十分关注体现徐州特色的许多细部，例如不同于清官式建筑的高高翘起的岔脊做法，还有徐州地区保留古风的微微弯曲的屋脊（图2-156、图2-157）。

（6）车村帮技艺在徐州地区修缮的成果评价和意义

功夫不负有心人，细微之处见精神，户部山的崔焘故居等的修缮经过专家多次考察都获得了肯定。其中罗哲文、孙大章等古建筑前辈对孙统义传承车村帮技艺，完整修缮崔焘故居等建筑遗产给予了甚高的评价。2009年以罗

图2-155　使用手工打凿的阶沿石

图2-156　崔焘故居内的某房屋上的抹角挑（戗脊）显示徐州传统建筑的地方特色

图 2-157　崔焘故居内一个小过邸的屋脊显示微微的曲线

哲文为首的 12 位专家在对崔焘故居上院修缮工程所做的评审意见中表示：该工程"始终坚持'不改变原状'的文物保护修缮原则，把修缮过程作为研究来做"，"在修缮施工中认真贯彻执行'原型制，原结构，原材料，原工艺'的修缮方针，忠于原物，精工细作，充分尊重地方文化，坚持保留地方特色，完成了一项符合文物保护法要求的质量上乘的古建筑保护维修工程，为行业内树立了学习榜样"。这一评价显示了孙统义和徐州清源古建园林营造有限公司传承的车村帮技艺再次在文化遗产保护修缮中大放异彩，证明了车村帮技艺和徐州地域文化的水乳交融的关系（图 2-158～图 2-163）。

　　多年来孙统义和他的团队在徐州建筑遗产的修缮和城市新的风景园林景点的建设中做过大量的工作，包括复原邳州土山关帝庙马迹亭和桃园结义三角亭、余家大院西花园六角亭、中国第一任大桥局局长彭敏故居、邳州市周庄镇五河桥，设计骆驼山竹林寺山门牌坊，为江苏建筑职业技术学院实训室建造教学模型，展示房屋各部位程序的施工技艺，以及北洞山汉墓（国家级文物保护单位）顶部防渗和绿化园林工程等（图 2-164～图 2-170）。

图 2-158　2009 年罗哲文（中）、李良娆（左）、孙大章（右）在考察崔焘故居上院修缮工程时稍作休息 2009 年摄

图 2-159　在崔焘故居上院专家评议会上我国著名古建专家罗哲文和德国文物保护专家霍恩教授、中国矿业大学常江教授交谈　2009 年摄

崔焘故居上院文物保护修缮工程专家评审意见

　　崔焘故居是徐州市一处重要的文物古迹，是国家级文物保护单位。

　　徐州正源古建园林研究所和清源园林工程有限公司在承担崔焘故居上院保护修缮工程中，始终坚持"不改变文物原状"的文物保护修缮原则，把修缮过程作为研究来做，认真勘察，深入调查，制定严谨科学的修缮方案。在修缮施工中认真贯彻执行"原形制、原结构、原材料、原工艺"的修缮方针，忠于原物，精工细作，充分尊重地方文化坚持保留地方特色，完成了一项符合文物法要求的质量上乘的古建筑保护维修工程，为行业内树立了学习榜样。

　　希望正源古建园林研究所和清源园林工程有限公司发扬优良传统，再接再厉，继续努力，为祖国的文物古建筑保护事业不断做出新贡献。

　　建议将崔焘故居上院修缮工程经验做法加以整理总结，写成工程总结报告正式出版。

与会专家签字：

图 2-160　2009 年的崔焘故居上院保护修缮工程现场会上的专家评审意见

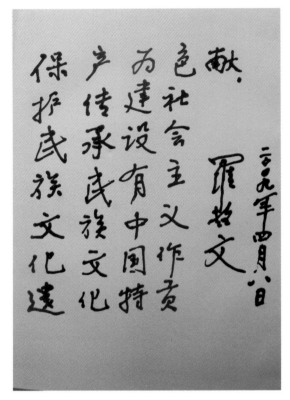

图 2-161　罗哲文在崔焘故居上院专家评议会上题词

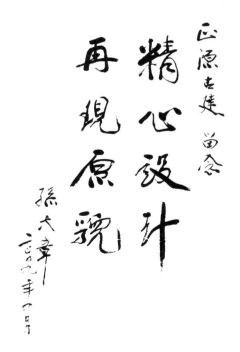

图 2-162　著名古建专家孙大章在崔焘故居上院专家评议会上题词

图 2-163　德国著名文物保护专家霍恩教授对崔焘故居上院修缮工程的评价意见

图 2-164　复原后的邳州土山关帝庙马迹亭　2008 年摄

图 2-165　邳州土山关帝庙桃园结义三角亭

图 2-166　复原后的余家大院西花园六角亭　2011 年摄

图 2-167 中国第一任大桥局局长彭敏故居主房一端的插花云燕和配房一端的插花兽

图 2-168　修缮保护建于邳州市周庄镇的五河桥，已有 200 多年的历史（道光年间）

图 2-169　设计的骆驼山竹林寺山门牌坊

图 2-170　江苏建筑职业技术学院实训室的建筑模型

下篇　徐州车村帮营造技艺

3　徐州传统营造技艺的总体经营

徐州地区历史上是黄泛区，平原地区村镇被淹没的灾难经常发生（图3-1）。在这一带艰难生活的百姓不断总结洪水泛滥时如何生存的经验，形成了抵御洪灾的聚落选择和房屋建造的技艺。

3.1　村庄和房屋选址

徐州地区历史上汴泗交汇，水系发达，黄河夺泗入淮后泛滥频繁，平原地区村镇被淹没的灾难经常发生。该地区处于南北之间，以车村帮为代表的一代又一代人为了生存创造了一种独具一格的村庄和房屋选址放线模式。建村选择高爽地带，事先在房基地左右或后部挖坑取土，将宅基地垫成高台，再把房屋建在垫好的土台上，大户人家的大院四角还建有更楼。独家或大家联合在村庄的四周开挖土方，筑成土墙，高达数米，留有寨门并在四角设有

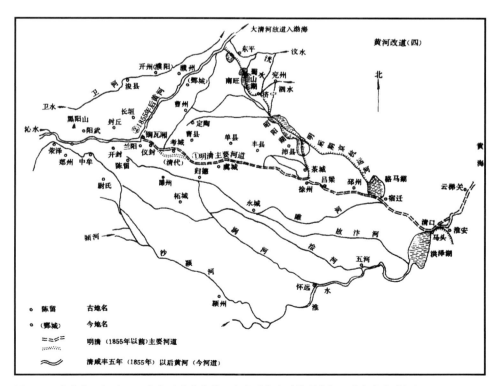

图3-1　清咸丰五年（1855年）改道前的黄河走向（摘自《徐州志》，清代余志明撰）

炮台，形成内有村庄，外有壕沟（又称月河）的建村模式，既能防水又防匪患，并在村庄外道路两旁、房前屋后大量栽植树木，以保持水土、美化环境、积蓄木材，前人栽树后人盖房，所以当时这类村庄绿树成荫、郁郁葱葱，村内还留有足够的菜园和多口水井。挖土垫宅的土坑成了一个个鱼塘，养鸭养鹅，丰年储存粮食和牲畜饲草，以备不时之需，饲养家禽、家畜，生活自给自足，有的村庄还办有学校、开有商店，形成一个在短期内相对安全的生存环境。这种围子村寨文化模式在灾难来临时，百姓可以抱团取暖、防匪避水，不用逃离家园。这种居住模式延续了几百年，至今提起这段历史，大家仍然津津乐道，赞扬前人的生存智慧。因此徐州地区沿黄河两岸数百公里，常以"台""寨""围子"为村庄名，如"刘台子""新台子""郝寨""梁寨""孙围子""张围子"等等。这种村庄选址和房屋建造模式被称为围子村寨文化。本章也集中介绍徐州平原地区的这种村寨和建筑的选址和建造。

徐州及周边地区受传统文化影响深远，院落与民居主次地位、伦理道德、上下秩序、等级观念深入人心，徐州城镇地区的住宅建筑以中轴线为准；百姓建房则要有地方做法并有因地制宜的变化。

古民居营造技艺依据徐州地理特点，以坐北朝南的孙家大院四进院为例（图3-2～图3-4），用罗盘打出子午线，然后确定轴线，先对宅院进行整体定位，一是整个院落方向定位，二是定大门的尺度和方向位置，三是对每所房屋的尺度和方向定位，使整个大院形成前窄后宽的形状，用鲁班尺（一尺分8寸，每尺等于46.08 cm），鲁班尺在民国时期已经较少使用。徐州风俗"前窄后宽"为聚气，"前大后小"形似棺材属凶宅。总体放线定位示意图，是营造领班和建房人商定的建筑规模布局的一个规划图，它标明房屋的朝向顺序、大小、高低、门窗位置和道路排水等具体方向，是

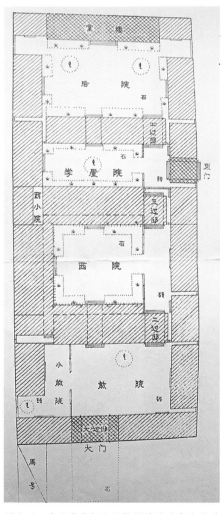

图3-2 建于清代铜山县柳新镇的孙家大院手绘草图

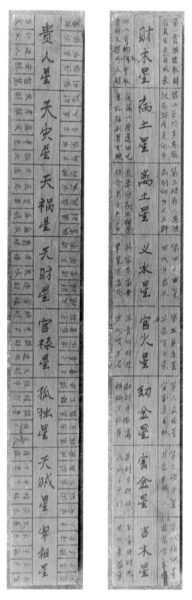

图 3-3　孙继鼎 2002 年复制的鲁班尺

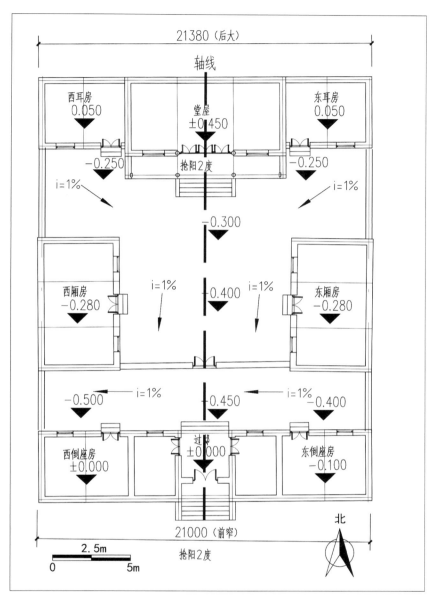

图 3-4　总体放线定位示意图

建房前必不可少的一道技艺。

3.2　大门定位

　　大门的位置安放在整个院落的轴线上，有条件的还在大门前建过路照壁或过车门。城镇地区宅第第二进、第三进院都在轴线中部留有三开间穿堂过邸，同时也是每进院落的堂屋主房，进入后院各院的通道设在第二进、第三进院的东侧，第二进院的内院墙东南侧和第四进院内院墙东南侧留有门楼供平时出入。

目前徐州地区据不完全考察在户部山上，建于明清时期的余家大院和建于清代早期的李蟠状元府、市北郊铜山区柳新镇的孙家大院、拾家大院，以及位于徐州市南约 20 km 的安徽省宿州市杨庄乡林庄村（原归属于徐州市铜山县后划归安徽省宿州市），清代嘉庆年间的林方标探花府，还有徐州西郊大彭镇楚王山建于明代的王家大院等，共发现了六处几乎相同的这一院落布局做法，即中轴线贯通，进第一进院后走三间穿堂屋东侧、东厢房前留有的通道，一进建一座过邸门楼，可到达最后一进院，听车村帮师傅说此种布局在一些乡村较为常见，但做法大同小异，只有在一些比较好的地块才适宜展开。因规模较小又财力不足或受地形所限就另当别论了（图3-5~图3-7）。

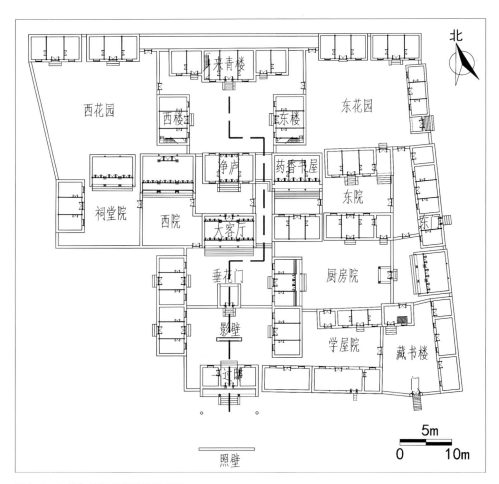

图3-5　李蟠状元府复原设计平面图

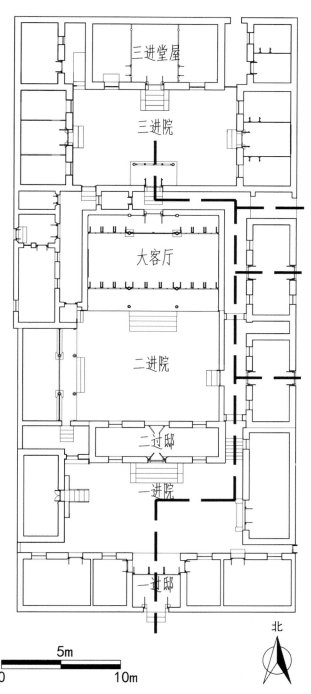

三进堂屋

三进院

大客厅

二进院

二过邸

一进院

一过邸

5m

0　　　　　　　　　10m

北

图 3-6　余家大院实测平面图

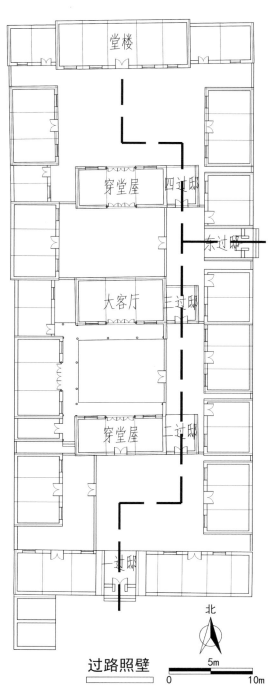

堂楼

穿堂屋　四过邸

东过邸

大客厅　三过邸

穿堂屋　二过邸

一进邸

过路照壁

北

5m

0　　　　　　　　　10m

图 3-7　孙家大院复原设计平面图

3.3 房屋檐高、进深和面阔定位

一是房屋高度定位。第一进院主房即正房，位于每一进院落的中轴线上的房屋（高度）相对最大，东屋次之，西屋再次之。以孙家大院为例，主房高于东屋 0.56 m（8 皮砖），东屋高于西屋 0.07 m（一皮砖），主房进深 5.54 m，东屋进深 5.42 m，主房进深比东屋进深多 0.12 m。西屋进深 4.96 m，东屋进深比西屋多 0.46 m。第二进、第三进以房屋体量大小比例类推，并且每一进的主房体量都要高大于前一进院的主房，如果把大客厅放在中部就另当别论了。因为这些高度的积累，有些大户人家的后宅主房就盖成了楼。

二是房屋的方向定位。一过邸大门按轴线抢阳居多，但也有少数抢阴，后面所有堂屋过邸都是方向抢阳。（图 3-8~图 3-15）

也有大门抢阳（东南方向）层层递进的大门定位现象，如车村帮发祥地徐州市铜山区刘集镇车村项家大院，徐州户部山西坡崔焘故居上院，徐州户部山余家西院，每进院门不是沿轴线向前，而是向东错一间房屋，最后大门定位在东南角（巽位），往往有三个门在一条斜线上。

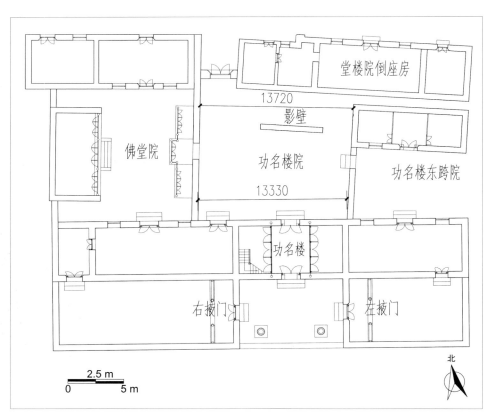

图 3-8　户部山崔焘故居下院功名楼院实测平面图（功名楼方向抢阳 6.65 度，功名楼院南窄北宽）

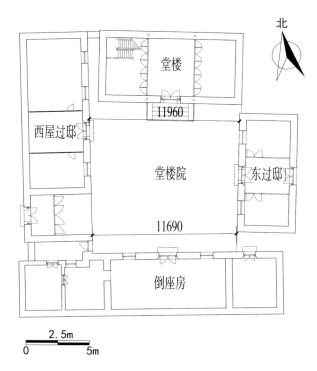

图 3-9　户部山崔焘故居下院堂楼院实测平面图（堂楼方向抢阳12.6度，堂楼院南窄北宽）

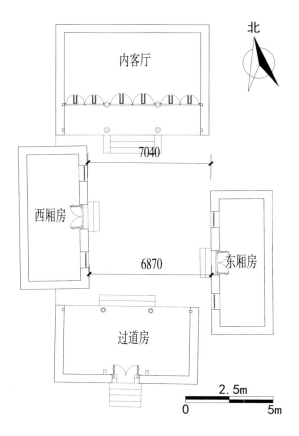

图 3-10　户部山崔焘故居下院内客厅院实测平面图（内客厅抢阳14度，内客厅院南窄北宽）

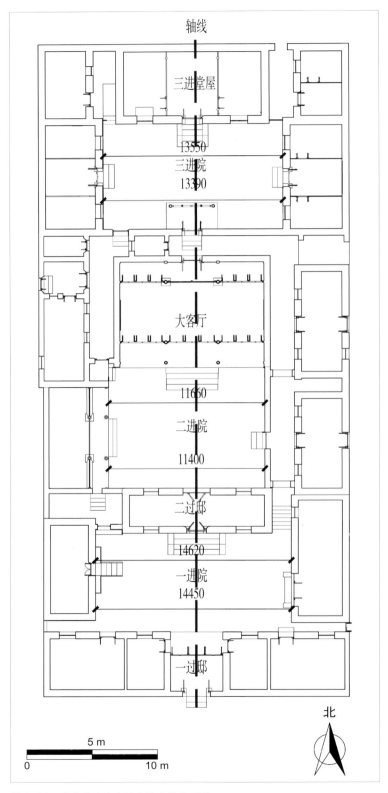

图 3-11　户部山余家大院中路实测平面图
（一过邸方向抢阳 1.8 度，二过邸方向抢阳 0.73 度，大客厅方向抢阳 0.9 度，
三进堂屋方向抢阳 1.45 度。一进至三进院南窄北宽）

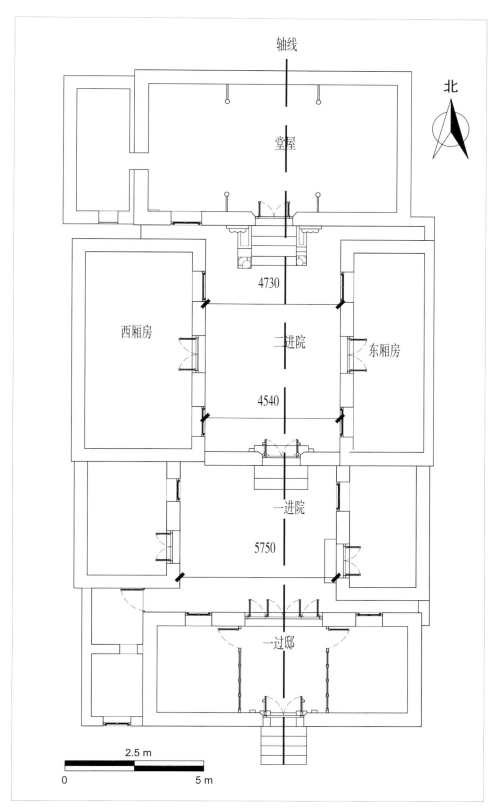

图 3-12 户部山魏家园实测平面图
（一过邸方向抢阴 1.59 度，堂屋方向抢阳 4.5 度，二进院南窄北宽）

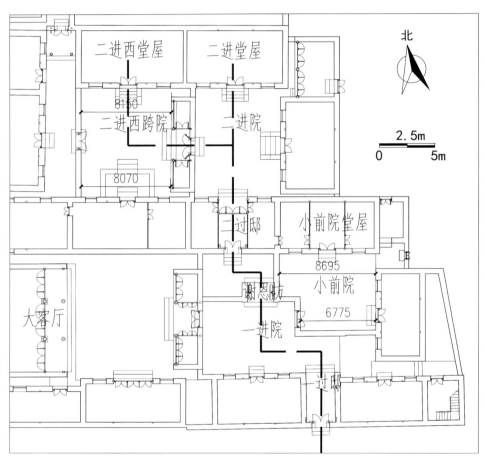

图3-13 户部山崔焘故居上院实测平面图局部
（谢恩坊位置抢阳一开间，一过邸位置抢阳三开间。
一过邸方向抢阴4.42度，谢恩坊、二过邸及二进堂屋方向抢阳12度）

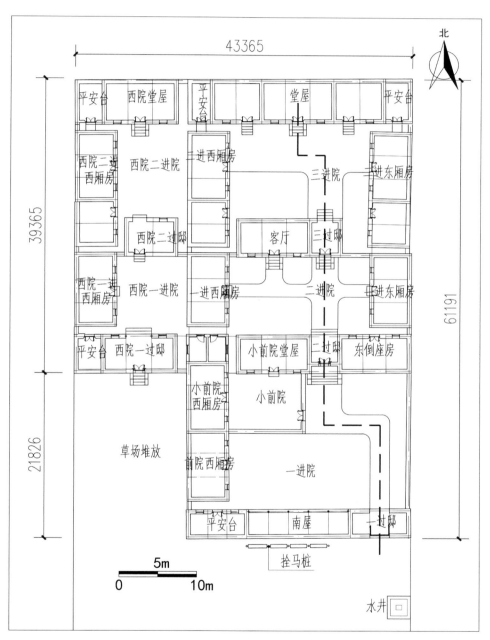

图 3-14 刘集镇车村项家大院平面图
（二过邸、三过邸位置抢阳一开间，一过邸位置抢阳三开间）

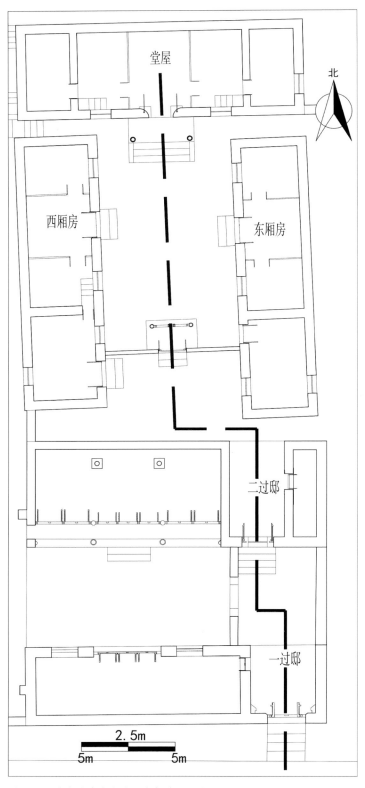

图 3-15 户部山余家大院西院实测平面图
（二过邸位置抢阳一开间，一过邸位置抢阳一间半。一过邸方向抢阳 1.8 度，
二过邸方向抢阳 3.5 度，堂屋方向抢阳 6 度）

3.4　院落高度定位

一是院落之间地坪高度定位。第一进院落的地坪高度要比院外地坪高出三步或五步台阶，第二进院落的地坪要比第一进院落高出两步台阶，第三进院落要比第二进院落高出两步台阶……一步台阶约 0.15~0.17 m，另外，每一个院落的东南角要比院内地坪低一步台阶高度，使院落地坪形成坡度，最低点作为排水出口。

二是各院室内地坪落差定位。第一进院堂屋比东西厢房高两步台阶，每步约 0.18 m，东西厢房比院落地坪高一步台阶 0.15 m，往后几进院以此类推。形成整个大院前低后高的地形。加上后进各院主房递增的高度，最后一进主房有的建成楼房，因此就有了王楼、李楼、张楼等一些村庄名称。

3.5　房屋门窗及开间定位

门窗定位。一般来讲院内门窗都是相对的，特殊情况门窗也可对山墙或窗间墙部位，但绝不能对"废"[1]，即对着屋面的边角。这是徐州地区建房风俗中的一大忌讳，即"能对三山不对一'废'（阻肋）"一说。房屋的开间大门的中线位置，可根据房主的心愿放在求官、求财或求平安等某一位置，院内主要房门和小院门都留在东、南和东南三个方向，其他方向较少采用（图3–16）。

徐州一般民居只在家前院后栽植树木积蓄木材，留给后代建房等使用的传统。院内多栽植数棵象征美好寓意的花木，只有大户人家在院子后部留有很小的花园，徐州城里也只有户部山上的几家大院里有。平原地区的大院里很少有花园，但平原地区的大院大多建有平安台，平安台上为平顶，有防匪、防洪兼作瞭望的作用。例如，著名建筑流派"车村帮"发祥地车村的项家大院有平安台 6 个，更楼 1 个（图 3–17、图 3–18），现徐州金山桥开发区任家大院平安台有 7 个，徐州丰县梁寨镇王庄村李厚基故居也有 4 处。平安台一般建在大院四角和中部，以一层居多。平顶四周设女儿墙垛口，台与台之间相互呼应，站在平安台上，视线可及大院周边和院内的每个角落。平安台的作用是防匪、防盗，水患来时家人可以上到台上暂避一时，也可用于夏季晚上乘凉。其结构和大院的房屋连成一体，并经一些暗门串通，是徐州一带围寨村落、传统建筑的一个重要组成部分。院内、院外的闲地则种植蔬菜、饲养家畜、池塘养鱼、存放牲畜草料以备灾年的温饱问题和今后的生产、生活。

房屋开间尺寸。院内所有房屋开间尺寸都是明间最大，左手开间第二，

1 营造法式曰出际又名屋废，徐州地区的屋废概念与之类似，指的是山墙和以外的出挑部分。

右手开间第三，这里的左右是指坐在屋内面向门窗的主人的左右，如果是堂屋就是中间最大，东间次之，西间略小于东间。

尺寸界定方法。这是因为从外边看立面两次间各包括一个山墙的厚度，为使得三间均衡，明间的尺寸及梁架到梁架的尺寸就要大于次间，东次间大于西次间也因东次间为上位的缘故。以三间屋为例，把房屋面阔外分成三份，两头次间各包括一个山墙，室内空间自然就小了一个墙宽尺寸。

大门尺寸定位。一过邸大门作为整个院落的总进出口最为重要，大门和堂屋门的尺寸都大于院内东西厢房门的尺寸（能出棺进轿，约1.5 m），安有门墩、闸板，有的用抱鼓石（门墩的一种），有的还配有腰栓、腰卡石、天地杠，房门的尺寸要小于通道门。腰栓则是在门的中下部约1.2 m处安装一块凿打好的圆眼石块，该石块外部和砖墙齐平，一头有窝一头有眼。内侧部分的窝

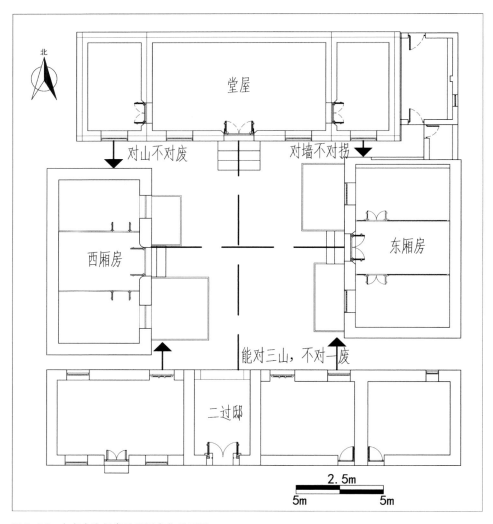

图 3-16　余家东院门窗及开间定位平面图

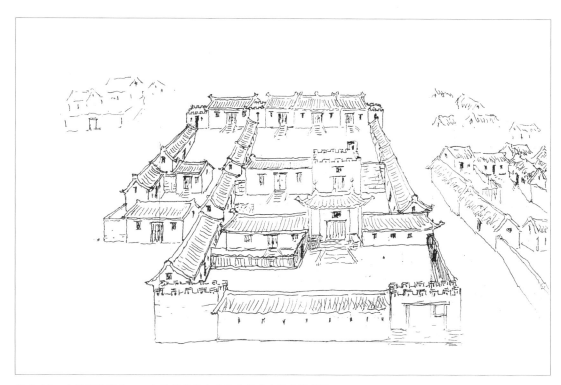

图 3-17 车村帮发祥地——车村项家后人手绘的项家大院复原草图

图 3-18 车村帮发祥地刘集镇车村围子项家大院效果图

和眼伸出墙外，关好门后插上门闩，在窝和眼内安放一根直径约16 cm的木棒，称腰栓。这两块石头称腰栓石。腰卡是用一块和墙体同宽，长约0.50 m、高约0.45 m的一块石料，在门框位置打一深约0.06 m的竖槽，砌墙时把两边的门框嵌入竖槽内，以增加门框的坚固。（图3-19~图3-24）

图3-19　大门下闸板与抱鼓石　2020年摄

图3-20　大门一侧腰拴石　2010年摄

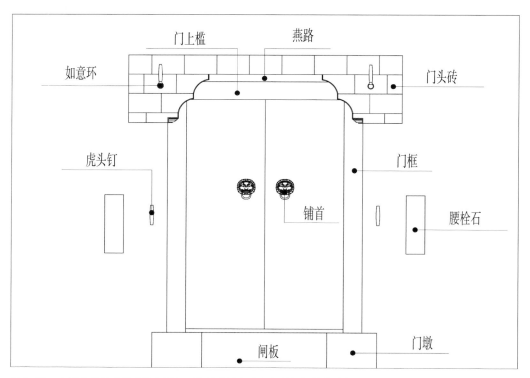

图3-21　大门外侧示意图（没有腰卡石的门采用虎头钉加固门框的方法）

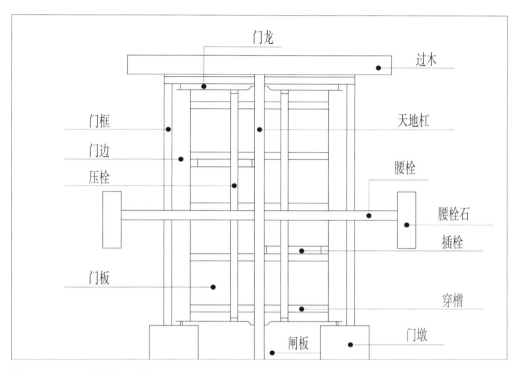

图 3-22 大门内侧结构示意图

图 3-23 加固门框的腰卡石一侧 2018 年摄

图 3-24 腰卡石内侧的腰拴眼和卡槽 2020 年摄

　　房门和窗的安装原则是门里窗外、门上窗下，徐州民居的墙宽约在0.55~0.60 m，房门如果安在墙中，门槛外尺寸就只有约0.20 m的距离，而内侧门扇打开时也会受到墙体限制，有时要做很大的坡口，如果把门往里安在墙体三分之一处，外面宽度增加到0.30 m以上，出门就方便多了。内侧还扩大了开门的幅度增加室内的进光量，同时也增加了使用空间，而窗外是指把窗安在墙宽外侧约四分之一处，能把雨水外推，而内侧剩有0.40 m一个平台，粉刷美观还可以搁些小东西。徐州民居用木头作为门窗上部承重过梁，称过木。为防外露的木料腐朽，采用在木料上和立起青砖上各起一槽，形成榫卯，把砖立砌在过木外侧，叫挂砖。为表示门窗的主次关系形成了门上窗下的固定模式，门上就是门的挂砖，下口是窗褛砖的上口一立砖（图3-25）。

　　技艺口诀：

　　门无歪门、路无邪道。人少院大为一虚，门大院小为二虚，人少屋多为三虚（阴气重），门里窗外，门上窗下，大门偏阴，主房抢阳，阴阳调和人财旺。

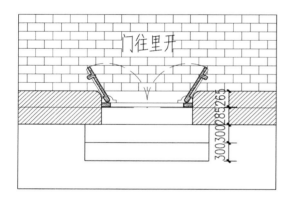
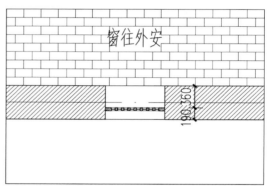

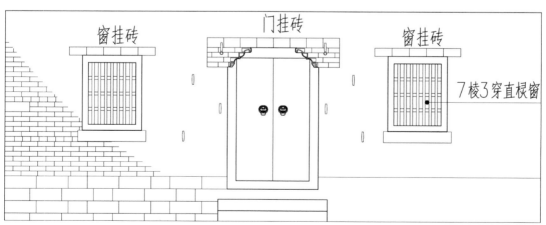

图3-25　门里窗外、门上窗下示意图

4　徐州传统地基基础做法

徐州一带既有若干山地，也有大量平原，是古代黄泛区的一部分，在山地建房，下边是岩石，挖到基岩即可，平原地区则要考虑如何防洪，房子以至整个院子地坪都要抬高，因而基础做法也有多种不同处置方式。

4.1　基础打夯

现在古建筑施工也有了各类机械打夯机可供选择，古代没有机械，因而打夯都靠人工，即使现在，在不少机械夯无法施展身手的地方，人工打夯仍可以作为必要的补充，人工夯有木夯或石夯，木夯一般用于夯打室内地坪，由二人操作；石夯一般用于地槽夯实或夯打室外地坪，由多人操作。打夯时有一人掌夯，一人或多人拉夯，由掌夯人唱"打夯歌"指挥，步调统一。地基打夯有两种办法，一种是在放了线的房屋墙体位置上平地打夯，然后砌筑基础，基础砌到设计高度然后回填，把整个房屋及院落垫成土台高度然后砌筑石墙。另一种是在垫好的土台上起槽分层打夯。打夯是基础工作，必须严格按照"填三打二"的原则进行，就是要把三寸虚土打实至二寸，决不能马虎，并且打夯宽度要比基础宽度每边扩到 0.40 m 以上，要特别注意力度均匀，在掌夯人的统一指挥下，不同深度的地形要从底部分层回填，分层打实。确保地基抗压强度一致，房子建成后不会出现不均匀下沉造成墙体断裂现象（图 4-1~图 4-2）。

打夯时有掌夯人唱打夯歌："今天好日子，大家来帮忙，一起打起来，大家使劲夯，胳膊往上抬，不要用邪劲，一夯一夯来，今天盖好屋，明天发大财，发财都沾光，媳妇娶进来，打起来打起来，一夯一夯往前排。"掌夯人可即兴发挥歌词内容。

4.2　基础砌筑

地槽打夯完毕，由掌线师傅认定后，按水平安放四块角石，定死面阔进深和放脚尺寸，然后叉线确保房屋角度正确，在角石的外口挂线，开始分层砌筑，基础石因为埋在地下，为了省工省料一般使用不太规整的块石，但是要求块石砌筑时要安放平稳，要注意内外咬缝拉接，避免通缝，砌到一定的高度后，再一次校正水平，就可以在上面砌筑石墙了。

图 4-1　室内打夯　2012 年摄

图 4-2　需要 5 个人操作的石夯　2020 年摄

5　徐州的传统砖石砌筑

砖石传统营造技艺是徐州古民居重要技艺之一，分清水活和混水活两种：清水活主要有干砌防潮石墙、双面清水砖墙、"里生外熟"墙、白缝砖墙等；混水活有挑土墙、土坯墙。墙的宽度一般都在 0.50～0.60 m 不等。

5.1　石活加工、砌筑工艺

（1）石活加工、砌筑技艺

其一是勾搭连砌法，就是双面石料相互咬接形成一体；其二是顺丁石砌法，把荒料打成规格一致的石块，一顺一丁或二顺一丁，丁石要和墙体同宽，第二皮的丁石压在第一皮顺石的中部，使砌出的石墙成为一体。

技艺优点：干砌青石墙的做法是徐州民居传统营造技艺，看似简单却非常科学的做法，它不仅能满足承重的要求，还能阻断水汽上升，以免上部墙体受潮。层层干砌，不用灰浆，干砌高度要三层以上才能达到防潮的效果（图5-1～图5-4）。

技艺口诀：连垒三层过子（丁石）墙不推自倒。三皮石墙七皮砖，"里生外熟"心不担（潮气上不来）。

图 5-1　干砌石墙做法　2018 年摄

图 5-2　干砌石墙做法　2019 年摄

图 5-3　人工剁斧技艺　2013 年摄

图 5-4　人工凿石打道技艺　2012 年摄

5.2　双面清水砖墙

在做好的石墙上，砌双面青水砖，中间填碎砖、碎石块或土坯等，用于规格较高的房子，砌墙的前一天，将砖打摞用水浸至八成备用，砌墙时双面挂线，每砌五皮至七皮顺砖，盖顶砖一皮，依次类推，一直砌到檐墙所需高度，最后一皮为顶砖。砌筑用灰是白灰膏加草木灰，按每 50 kg 白灰加 0.25 kg 草木灰配合比和制均匀，灰浆成月白色，每砌一架砖(约 1 m)随手耕缝，用笤帚扫去浮灰使墙面保持清洁。而墙的内侧采用质量较差或边角不全的砖块或土坯填充，但必须确保工整。两面的顺砖砌好后中间用半砖或土坯正反方向干砌，斜放摆平，然后用灰泥找平，再对砌一皮顶砖，砌筑要注意墙内柱印子石（即和内柱或木梁紧靠并贯通墙体的丁石）和虎头钉协调同步安放，不再造成返工。这种砌筑方法，可以把施工中质量较差的材料用在墙内，甚至把碎砖瓦也利用起来，竣工后基本做到无建筑垃圾外运。用今天的眼光看是一个绿色、生态、节能的做法（图 5-5～图 5-8）。

图 5-5　徐州沛县青墩寺小学内的文物保护碑亭单面清水砖墙　2018 年摄

图 5-6 崔焘故居上院东南隅"里生外熟"墙外观 2008 年摄

图 5-7 徐州铜山区黄集镇建于 20 世纪 80 年代的沿街门头

图 5-8　建于 20 世纪 80 年代的某镇沿街门头　2018 年摄

　　清水墙是徐州地区建筑的一大特色，青砖到顶，保持浅灰色的墙体和同色调的合瓦屋面浑然一体，利用耕缝做法掩盖了传统手工制砖厚薄不均的缺陷，并增加了墙体的灵动感觉，使墙体表现出粗犷、拙朴的气质，是神来之笔，也是徐州民居传统营造技艺的地方特色之一。

　　技艺口诀：下跟墙口上跟线，左角右楞大小面，砖浸八成，灰和七遍，砌出墙来金不换。

5.3　"里生外熟"墙

　　外砌青砖，内用土坯，"生"指的是不经火烧的土坯或碎砖石，"熟"指的是烧熟的青砖。在已经砌好的石墙上，先对砌一皮顶砖以锁住石墙墙口，然后外皮先砌五皮或七皮顺砖，内侧立砌土坯，土坯高度和外皮青砖持平，土坯泥口一定要小，接着对砌一皮顶砖，这样依次类推直到檐高，最后要对砌一皮顶砖以锁住上部墙口（图 5-9）。

　　"里生外熟"墙和双面清水墙都配有墙内柱，因为当地木材缺乏，檩条、梁架尚无太好材料，柱子用在墙内主要能起到和墙体共同承担屋顶重量的作用，而不规则的外观是看不到的，也是一种因地制宜的做法。所不同的是"里生"墙要在墙体的重要部位打砖垛，如墙内柱两侧或门窗两侧等部位，同样利用虎头钉和印子石对墙体进行加固（图 5-10~图 5-11）。

　　俗谚：墙内的柱子暗起劲，墙里垛子有撑劲，墙上的石头有扒劲，墙外铁钉有拉劲。

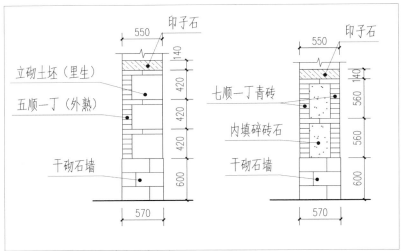

图 5-9 "里生外熟"墙的两种砌法

图 5-10 户部山余家院 "外熟" 墙面 2016 年摄

图 5-11 户部山崔焘故居上院用土坯立砌的 "里生" 墙 2009 年摄

5.4　白缝砖墙

　　白缝砖一般用于房屋的装饰部位，如内墙裙、槛墙、影壁心等地方。每块砖都需要按尺寸加工，砌筑时砖要用水湿润至八成，纯白灰砌筑灰缝不大于3 mm。墙体要清洁平整，砖缝分明。

　　先用磨具或机械将砖的五面找平磨光，然后砌筑，纯白灰浆砌，最大灰缝不得超过5 mm。砌墙方法和清水墙基本相同，只是墙体要求更加精致、整齐、清洁，砖要用水浸润至八成以上。有上打灰和底打灰溜墙口砌法，上打灰又叫拎刀灰，就是用瓦刀把灰抹到砖上后砌筑。底打灰就是挖一刀灰在砖的里口摔两个灰丁，然后把留在瓦刀上灰均匀抹在墙口上。但是这两种打灰都有缺点，如果灰浆不够饱满，整理墙面时还要抹缝，而上打灰和底打灰结合砌出的墙面可做到灰浆饱满的另一种感觉，墙体可一气呵成，一般用于装饰等级较高的房屋，如照壁、影壁、镶活、封山封檐、室内墙裙等部位（图5-12~图5-15）。

1）灯草缝砖墙

　　灯草缝砖墙技艺出现在民国初年，徐州现存一例为李家大楼外墙做法。先用掺灰泥（石灰30%，土70%）砌好后用灰齿将泥口挖深至1 cm为宜。勾缝前要做好以下四项准备：

图5-12　白缝砖槛墙

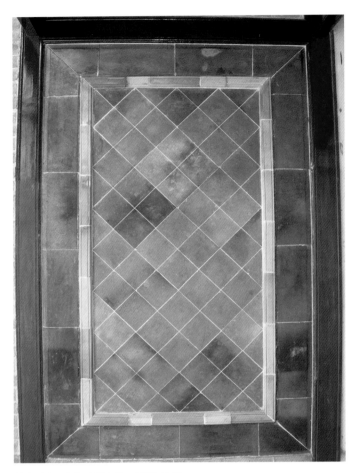

图 5-13　白缝砖廊心墙　2009 年摄

图 5-14　白缝砖墙花（多种组合）2017 年摄于丰县梁寨程子书院

图 5-15　20 世纪 60 年代"车村帮"工匠建造的徐州市老政府办公楼局部清水墙。（外观现状是有些地方加了广告）2018 年摄

（1）墙体要干湿适度；

（2）做好弹线开缝工作；

（3）准备好 2 根约 0.8 m 长的板条；

（4）撸子是否已打磨顺滑吐活（不能黏住不掉）。

灰要和制得不稀不稠，其比例为淋制石灰浆 500 g，细砂 300 g，桐油若干。开始勾缝时先用黑灰勾一遍打底（石灰加胭脂灰打底），一手拿板条端平放在墙口上，勾缝师傅一手拿托灰板，一手拿撸子沿木条快速一撸子一撸子勾拉，勾缝人要和拿板条人保持默契配合才能勾出好缝来。前边勾好后边整理，将杂物清理，使青砖和白缝界限分明，一气呵成，成活后颇为美观，灯草缝和耕缝做法大相径庭，一个往里凹，一个往外凸。因这种缝子细小，车村帮工匠称其为"灯草缝"（图 5-16）。

2）耕缝

耕缝墙首先要具备以下几个条件：

（1）砖要湿润到八成；

（2）砌筑灰浆墙口要饱满；

（3）用小灰齿把灰缝抹平，看不到砖底口的薄厚差距。

在灰缝不湿不干时把板条水平放在灰缝中间位置，把耕刀紧靠板条上口缓缓拉动形成约 3 mm 凹线，这种做法在徐州地区称耕缝（图 5-17）。

图 5-16　清水墙的一种——灯草缝墙　2020 年摄于户部山李家大楼

图 5-17　清水墙的一种——耕缝砖墙　2017 年摄于户部山余家大院

5.5　砖封檐

首先将所用青砖和笆砖用水浸湿，用砍刀按照设计要求把砖砍出封檐所需要的形状，用砂轮或磨石打磨直至造型一致、表面光洁。封檐时墙口要清扫干净并润水适度，整个封檐要一气呵成并确保和屋面高度吻合，同时要把衬里的内墙跟上来。封檐有多种，有三层鸡嗉檐，五层垄口檐，七层托盘檐等，封檐要根据房屋的地位和体量大小进行设计选型（图 5-18）。

技艺口诀：封檐不要怕，里子压好茬，里子压不好，檐子全豁了（掉下来）。

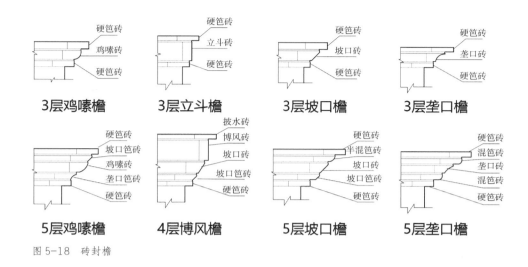

图 5-18 砖封檐

5.6 影壁、照壁、八字墙等清水墙做法

影壁、照壁大多用于院内外遮挡，按照民俗文化，对不太理想的环境遮挡和私密性的保护，丰满了布局，并起到美化环境的作用。照壁、影壁做工都非常精细，有的下部有须弥座，堂内镶有方砖，中间刻福字、寿字等等，两上角镶卷草砖雕。影壁、照壁砌筑技艺多采用白缝砖墙和耕缝砖墙相结合做法，观赏性较强（图 5-19~图 5-21）。

图 5-19 崔焘故居上院一字影壁 2011 年摄

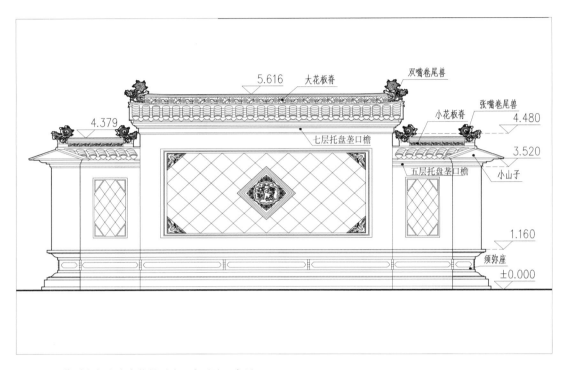

图5-20　徐州户部山崔焘故居下院八字照壁示意图

图5-21　丰县梁寨镇程子书院大门石牌坊和两侧八字墙　2016年摄

6 徐州传统木结构梁架

木结构是支撑起屋盖从而创造出屋内使用空间的结构部分，徐州传统木结构的做法既不同于北方抬梁，也不同于南方的穿斗，形成徐州地区独特的梁架做法。

6.1 重梁起架

徐州古民居"重梁起架"的名字由来是老百姓一个形象比喻，它的构造很简单，就是在抬梁的大梁、二梁上搭一个架（叉手），百姓都叫重梁起架。由于徐州古民居所处地理环境的原因，产生的合瓦屋面传统做法使屋面每平方米重量近 300 kg，加上雨、雪、风力等活荷载，屋面重量就更大了。徐州是个木料匮乏的地区，徐州人有"能叫家宽，不叫屋宽"的建房思想，因为房屋的进深和面阔的增加就意味木料体量的加大。在徐州及周边地区历史上的古民居，4~5 m 进深的房屋较为普遍，厅堂建筑净空 6 m 的都少见。以 5 m 进深的房屋为例，梁架的制作叉手用料小头 16 cm 就可以了，甚至有的只有 15 cm，梁的用料小头也只有 16 cm 左右，做成的梁架就能够满足屋面荷载的要求，并且有非常强的耐久性，徐州户部山古民居现存明清建筑使用的重梁起架，至今都非常完好（图 6-1、图 6-2）。

徐州古民居传统营造技艺重梁起架把木料的承重能力运用到了极致，巧

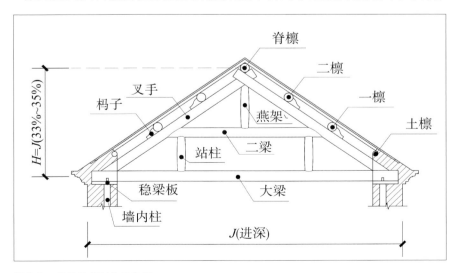

图 6-1　重梁起架制作示意图

图6-2　重梁起架与檩条、椽子整体做法　2011年摄于崔家下院

妙地将木料自然生长的大小头使用和中国传统文化的思想理念相结合，叉手大头在上，小头在下；公榫在前，母卯在后；梁大头在前，小头在后。在梁架制作时，不对制梁木料进行伤骨动筋的砍刨，尽量使木料基本保持原有的体量，并且把举架高度定位在35%左右，草屋面甚至达到40%以上。有实验表明，按照自然木料直径制作的重梁起架，其承重能力比小头为准刨光制作的重梁起架承重能力几乎增加一倍，比同规格木料制作的垛子梁（抬梁）增加近三倍。叉手梁则由一根梁两根叉手共三个构件组成，一般用于草屋和进深小些的房屋。此种梁架看似简单却也大气，非常符合传统文化的平衡与对仗理念（图6-3）。

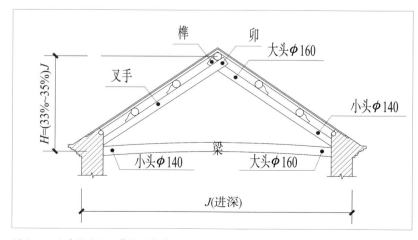

图6-3　叉手梁适用于草屋顶和进深较小的房屋

徐州古民居的重梁起架功能绝不同于唐宋时期梁架上叉手功能，汉唐时期的叉手着力点是在梁上，仍然是梁在承受整个屋面的重量，而徐州古民居梁架的受力部位绝大部分重量直接传到墙上，叉手已成为梁架的主要受力构件，在承重方面发生了颠覆式的变化，所以徐州有"穷梁富叉手"之说，就是说叉手的用料很重要，而梁的用料却可以退而求其次。

技艺口诀：穷梁富叉手。椿子不当梁，楝子不打床，槐木服（做）大车，榆木作大梁之说。

6.2 垛子梁（抬梁）

垛子梁（抬梁）制作一般为古民居较主要的房子使用，配套有檐柱、金柱和轩廊，形成前廊后厦的布局。以进深 8 m 的厅堂计算，减去前廊约 1.5 m 后厦约 1.2 m 的宽度，房屋正厅进深宽度约为 5.3 m，根据这个宽度需要大梁、二梁、三梁组合成梁架，特别要注意的支持二梁、三梁的瓜柱榫眼要小，以免眼大破坏梁架承重能力。三梁中部的站人（脊童柱）配套有山云木雕，又叫老云头。木雕上一般刻有彩云、鹿衔灵芝、牡丹等吉祥图案，木雕要提前做好备用。

垛子梁（抬梁）的制作选用徐州地区榆木为最佳，榆木价格便宜，树干较挺拔，承重能力很强。较高等级的房屋大梁还要进行木雕和彩绘（图 6-4~图 6-7）。

6.3 三梁起架等

徐州及周边地区除重梁起架，垛子梁（抬梁）以外还有一些两者结合的

图 6-4　户部山余家大院后院东厢房垛子梁（抬梁）与檩条椽子安放仰视　2012 年摄

图 6-5　仿古建筑丰县梁寨镇程子书院"书香楼"垛子梁（抬梁）与檩条椽子安放仰视　2014 年摄

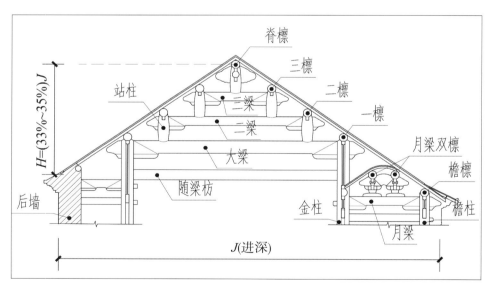

图 6-6　垛子梁（抬梁）设计图

图 6-7　余家院大客厅脊柱上的云头木雕　2020 年摄

梁架做法，如：三梁起架，就是在二梁上再加一个梁，然后安放叉手；另一个就是和重梁起架"穷梁富叉手"的做法相反，而是"富梁穷叉手"现象（梁架用料大）但案例极少。三梁起架适应于相应较宽的房屋，其科学性就在于支持二梁的站柱可以更加靠近墙体，这样就增加梁的承重能力。徐州新沂市窑湾古镇都有这样的案例。"富梁穷叉手"是要满足视觉上对厅堂房屋大梁体量的要求，因为檩条体量较小，檩条间距不能太大，有了叉手，檩条的间距就可以灵活安放而不受抬梁间距的限制（徐州丰县卜子祠）。其共同特点是因材制宜和见机而作，正所谓"七里不同俗，十里改规矩"（图6-8～图6-11）。

　　徐州地区盖房子是喜事，大家都十分注重上梁（大梁安装）。大梁安装和脊檩安装一定要卜选吉日，在午时前，匠人领班先供好鲁班祖师牌位，房主要提前用大红纸写好对联和横批，如柱子上贴："架海金梁、擎天玉柱"；大梁底部对贴："上梁喜逢黄道日，竖柱正遇紫微星"；脊檩上贴横批："紫微星高照"或"姜太公在此"等，鞭炮齐鸣，木工班头向东南西北撒喜糖和馒头敬四神。

　　上梁歌："卧好大梁两头停，龙头凤尾空中行。俺问大梁哪里去，状元府里扎老营。大梁凤凰台，祖祖辈辈出人才。二梁凤凰窝，世世代代子孙多。"又唱撒糖歌："北撒一把敬玄武，南撒一把请朱雀，向东一撒风雨顺，向西一撒喂白虎。今天是个黄道日，上梁正遇紫微星，太公在此众邪去，来年定有好收成，吃了糖块心里甜，吃了馒头有力气，一年更比一年好，人丁兴旺财运通。"（以上为师傅教授、口传和民间传唱）

图 6-8 徐州新沂市窑湾古镇西典当房梁架 1

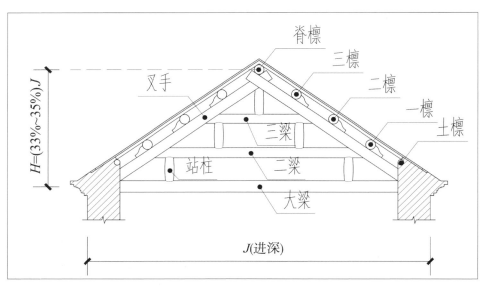

图 6-9 三梁起架示意图

图 6-10　丰县卜子祠东厢房"富梁穷叉手"（极少数）2019 年摄

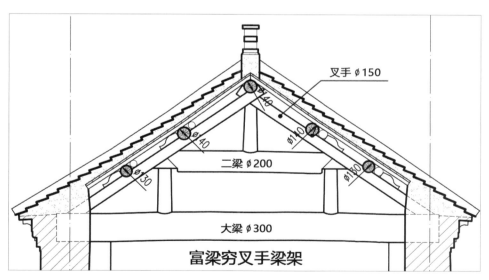

图 6-11　丰县卜子祠"富梁穷叉手"梁架示意图（极少数）

6.4 插拱

徐州周边地区民居插拱现存情况调查见表 6-1 所示。

表 6-1 徐州周边地区（徐宿连）民居插拱现存情况调查表

序号	调查时间	调查地点	级别	调查时现状照片	序号	调查时间	调查地点	级别	调查时现状照片
1	2007	徐州市崔家大院南房	国保		7	2010	徐州市道台衙门	省保	
2	2007	徐州市崔家大院西花厅	国保		8	2008	徐州市文庙	市保	
3	2007	徐州市崔家大院鸳鸯楼	国保		9	2013	徐州北望村渡江战役总前委旧址	省保	
4	2008	徐州市民俗博物馆二进院	国保		10	2013	徐州北望村渡江战役总前委旧址	省保	
5	2008	徐州市民俗博物馆翟家院	国保		11	2014	宿迁市皂河镇陈家大院	省保	
6	2007	新沂市窑湾镇赵信隆酱园店小姐楼	省保		12	2014	连云港市海州区凤凰社区东大街	市保	

根据表 6-1 所示，就目前调研所了解的情况，推测插拱曾经在徐州、宿迁、连云港等地广泛采用。

插拱的主要用途在于辅助支撑向外出挑的屋檐，根据建筑的规模、层数及等级的需要，插拱在建筑中所处的位置也有所变化。根据调研情况可知，插拱一般用建的两个部位，即院落入口大门的上部与建筑二层花窗的上部。

徐州民居建筑群一般采用过邸（门屋）的形式作为其主要出入口，过邸一般外部装饰简朴而内敛。但进入过邸之后在院落内部，重要建筑的主要大门上往往采用挑檐来体现其地位的重要性，因此在挑檐的下方往往采用插拱的方式来加以衬托，如徐州户部山崔家大院西花厅插拱、南房插拱，余家大院二进院落入口，宿迁皂河镇陈家大院正房入口等。在建筑墙身的中间采用挑檐的方式，不仅可以强调入口在建筑中的重要地位，同时借助封檐、瓦当、脊兽等装饰性较强的构件，体现院落主人的身份等级。

此外，调研中还发现徐州地区民居院落内的部分建筑二层挑檐也采用了插拱，如窑湾镇赵信隆酱园店的小姐楼、户部山余家大院内绣楼。这些建筑多用于主人的女眷或子女居住，在整个院落内相对隐蔽且私密性较高。建筑以两层、三间为主，二层的两侧开有小窗而明间的窗户则相对较大，在窗户的外侧多设有栏杆以防止跌落，人在屋内即可凭栏远眺。明间窗户的外侧就是屋面向下延伸至此的挑檐，檐口的下部用插拱支撑挑檐。

徐州地区的插拱往往只用于墙内柱所处的部位，与墙内柱相结合共同承托出檐，因此一般没有补间铺作。根据实地调研的照片及实测数据，绘制完成徐州地区典型插拱的构造节点。徐州、宿迁与连云港等地的插拱由华拱、挑梁、挑檐檩、替木、令拱、栌斗、散斗及墙内柱等几部分组成（图6-12）。

插拱中最引人注目的就是层层出挑的华拱，华拱一般插入墙身向外出挑，

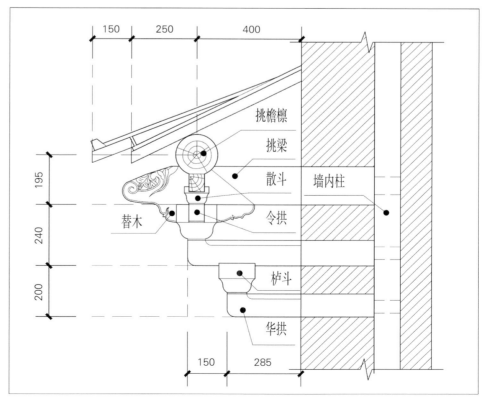

图6-12 插拱

其一般为两层到三层，最底部的华拱出挑最短，上一层出挑的华拱长度逐渐增加。华拱的外挑端部一般支撑一枚散斗，底端的散斗支撑上部的华拱并随之层叠而上。由于檐口部位受力增大，因此在层叠华拱的最上部采用断面较大的挑梁。挑梁与华拱相似，也由墙身向外出挑且外挑的长度在所有构件中最长。挑梁的最外端头部位，向上支撑替木与挑檐檩，承托挑檐檩传来的屋檐荷载，向下则通过栌斗与令拱的组合构件将力传给层层出挑的华拱。由于向外出挑过长，在部分华拱的中间还增加一枚散斗，用以减少华拱所受弯矩的影响。

值得注意的是，层层出挑的华拱及挑梁均插入到屋身内柱中，而作为主要受力构件的内柱则多埋于建筑的墙体内部，在外部基本不表现出来。此外，在插拱的两侧端部还采用博风板护住挑檐檩及替木的端头，以免长期受风雨侵蚀而糟朽。

徐州地区的插拱由于在建筑中所处地位特殊且往往位于重要部位，因此插拱的细部精美，具有较高的装饰性。根据调研的结果，徐州地区插拱的装饰细部主要位于散斗、令拱、华拱与挑梁头等几个部位。

在徐州地区插拱中，散斗是一组插拱中使用最多的构件，往往由于装饰简单而显得相对朴素平实。就整体而言，插拱中的散斗与一般传统建筑中的斗并无太大差别，但是通过仔细比对可以发现，插拱中的散斗下部（即斗欹部分）呈现出"S"形，而传统散斗的斗欹部分则呈现"C"形，这两者的曲线造型存在一定的差异，有的散斗甚至将"S"形曲线放大形成葫芦状（图6-13）。此外，插拱中的散斗在斗底部分还有一道细细的装饰线条，凸显斗底部位的轮廓线，这也是传统散斗也不多见的。这种斗底线有可能与斗的早期做法有关，是徐州地区早期斗底"皿板"做法的一种体现，斗底皿板的做法在我国南方地区有很多，北方地区则不多见。

徐州地区的插拱中，华拱和令拱均为主要出挑的构件，华拱一般垂直于墙身而令拱则平行于墙。向外出挑的华拱一般在拱身上采用影刻或直接卷杀的方式形成曲线，少数华拱还在拱端头进行卷杀加以装饰。与华拱相比，令拱由于位于檐口以下最外出挑的一层，因此相对而言装饰性更强一些。插拱中的令拱一般呈现出一种曲线美，在两侧拱端头往往也采用卷杀的形式来加强曲线线条，在拱身中间也多以折线或曲线状的形态与齐心斗相连接。部分令拱在保证与栌斗、挑梁交接的基础上，通过拱身高度的不同来加强其装饰效果，而其所表现的特征与汉阙上的斗拱形式竟然比较相似。

插拱中的挑梁是插拱中最大的构件，在墙身部位挑梁的一端多插于内柱，挑梁外部的另一端则支撑整个挑檐。在挑梁的外侧一端下方多为栌斗或栌斗加华头子，挑梁的上方则多为替木与挑檐檩，因此挑梁在整个插拱中的作用非常重要。徐州地区插拱中的挑梁多用圆木，因此有的插拱中在插入墙身内柱的挑梁一端仍然表现为圆木，在靠近栌斗的内侧通过一道斜向的砍杀将挑梁砍为直木。在栌斗外侧的挑梁端头多装饰有卷云纹，作为整个挑梁的标志性装饰。在栌斗上挑梁下的华头子也作了卷云纹加以辅助装饰。

　　总体而言，徐州地区的插拱以简单朴素、内敛质朴的整体装饰风格为主要特征，但其细部纹样与装饰又透露出多变且丰富的艺术特征。

　　目前，徐州地区（徐州地域内）现存的大式建筑为数不多，留存至今相对完好的有徐州府文庙、道台衙门和丰县文庙、邳州文庙。丰县文庙、邳州文庙均采用传统的北方斗拱出挑形式，徐州府文庙和道台衙门檐口下部的斗拱均层层出挑，但并未采用北方传统的三、五、七、九踩出挑的形式，而采用了类似本地域插拱出挑的形式（图6-13~图6-25）。

　　徐州府文庙檐口下部的斗拱分为柱头科与平身科，斗拱均向外出挑三次。平身科斗拱以最底层的栌斗为支点向外出挑华拱，华拱上支撑一个交互斗，其上再增加瓜拱，依次向外出挑至最外层的令拱，令拱之上为挑檐檩加替木。柱头科斗拱与平身科做法相似，两者的区别仅在最下层，平身科以栌斗为出挑的支点而柱头科的华拱却直接插在柱身上。值得注意的是，文庙的插拱每层向外出挑的华拱其后尾都插入建筑内部，形成了层叠出挑的一组序列。道台衙门的插拱做法与徐州府文庙的做法相近，同样采取层层出挑的方式，仅

图6-13　北望村渡江战役总前委旧址S形散斗

图 6-14　徐州府文庙插拱（一）

图 6-15　徐州府文庙插拱（二）

图 6-16　道台衙门插拱修复前

图 6-17　道台衙门插拱修复后

图 6-18　丰县文庙

图 6-19　邳州市邳城文庙修缮保护设计前状况

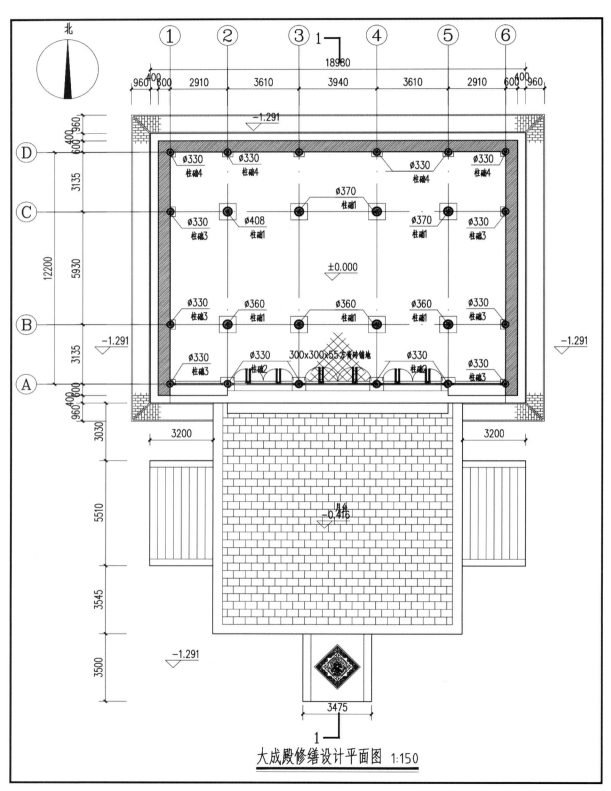

大成殿修缮设计平面图 1:150

图 6-20 邳州市邳城文庙修缮保护复原图

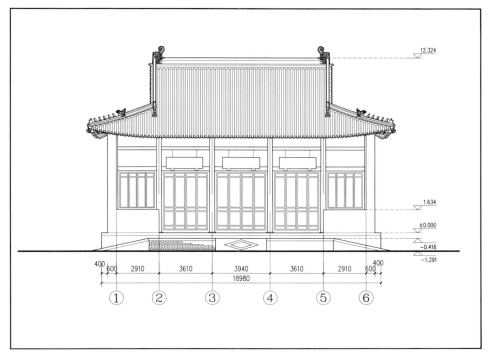

图6-21 邳州市邳城文庙修缮保护复原图

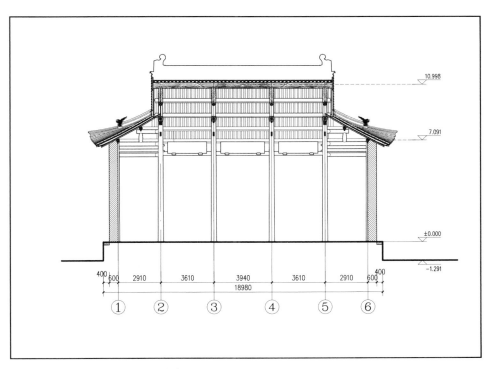

图6-22 邳州市邳城文庙修缮保护复原图

图 6-23　改造户部山步行街使用的车村帮技艺建造
的插拱（一）

图 6-24　改造户部山步行街使用的车村帮技艺建造的插拱（二）

图 6-25　连云港南城历史街区中的某建筑上保留的插拱出檐做法（照片由朱光亚提供）

在出挑层数上改为了两层，其他构件做法与细部特征均比较相似（图6-26、图6-27）。

就目前已知的两座徐州官式建筑而言，檐口下的插拱装饰意义大于结构支撑意义。在徐州府文庙檐口下的一排外挑插拱中，真正起到结构作用来支

图6-26 重建于1940年代的徐州府文庙大成殿

图6-27 徐州府文庙大成殿上的补间铺作

撑挑檐檩的应为檐柱上外挑的麻叶头（道台衙门中为外置挑梁），麻叶头则由其下方的层层出挑梁头支撑，柱头科上的插拱仅仅作为装饰元素而出现。此外，柱头科之间的平身科插拱，其在栌斗上方向外出挑的华拱后尾均插在檐柱间的壁板内，没有体现出应有的结构意义，因此仅仅成为一个装饰性的符号或元素。

总体来看，目前现存的徐州府文庙和道台衙门的插拱做法与本地域传统民居的插拱做法比较接近，省工省料，装饰简单，因此推测这两座建筑的建造与徐州地区木材紧缺有关，参加这一建造过程的工匠对本地域插拱做法相当熟悉，用本地域的民居传统建筑斗拱替代了管式斗拱出挑做法。

徐州地区地处南北文化圈的交汇处，该地区的建筑屋脊、插拱等构件中均表现出不同地域特色。距离徐州地区不远的山东目前所出土的一张汉画像石图像就表现了这种插拱的构件（图6-28、图6-29），在该构件中斜向的长梯上由一个巨大的插手结构通过其上层层叠叠的斗拱支撑起了一座平台，整体结构出挑了多次。该图片有可能体现出古人对木构建筑的一种巨大愿景，希望能进一步提高其木构建筑的支撑能力，也有可能是一种实景再现，表现当时的木构组合方式。类似的一些插拱做法在河南地区发现的一些陶楼明器中也有所表现，有可能体现出插拱结构在当地的盛行。

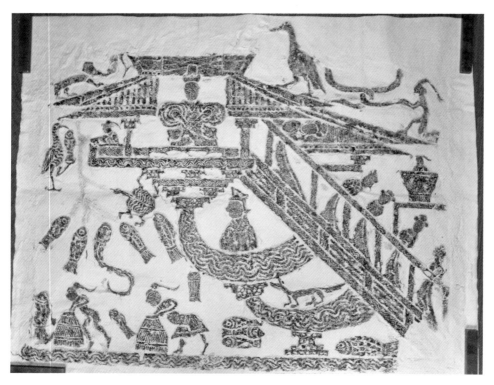

图6-28 1995年出土于山东济宁两城镇的东汉墓前室耳室挡板上的插拱式样

图6-29　1989年在邳州市车辐山镇大郭湾村的农民家里发现的汉画像石（拓片）

通过对徐州地区现存的十多座民居建筑及部分官式建筑的调研，插拱做法是本地区非常重要的代表性建筑文化或建筑要素。作为一组建筑构件，徐州地区的插拱常用来支撑檐口下的挑檐檩而确保屋檐向外出挑的稳定性，体现其重要的结构支撑作用。同时在装饰风格与细部纹样方面，插拱还表现出一种外表简单质朴而内涵丰富细致的风格特征。究其源流，通过对汉画像石图像及汉代明器的研究，插拱结构的使用可追溯至汉代，这一结构一直使用至今。由于插拱构件在本地区的代表性特征，部分官式建筑在建造或修复过程中使用此元素符号以显示其地域风格。

6.5　檩条制作安装

大户人家盖房子梁架一般用当地榆木，而檩条则是千方百计买来杉木，徐州人叫杉条棒，而普通人家盖房子大部分都是买些当地产的价格便宜的杂木。

徐州民居中的主要建筑如客厅等檩条规格较高，大都是加工成一样的直径在梁上对接扣榫，脊檩和出厦的檐檩要比一般檩条粗一些，可达18 cm。

其他房屋采用外来杉木做檩条的，根据其长短和直径粗细，其根部有13~15 cm，小头直径不低于8 cm的，其长度能够达到三间的叫硬挑三间，长度能够达到两间的叫硬挑两间，如果两棵完整的杉木根部直径约15 cm，达到两间长度，就可以放到一檩使用，叫两搭稍。一些较细的木料也可以两根放一檩使用，但要粗细搭配来平衡屋面重量。一般来说杉木不好和杂木搭配使用。（图6-30、图6-31）

如果采用家前院后的杂木制作檩条，因为杂木树干不直，一间一根较好处理。以三间屋为例，先挑出三根较直木料经过砍刨作脊檩，然后弹线开榫备用，其他木料找出平面搭配使用。先在已经安装好的梁架上安放脊檩，在水平的基础上两山墙上的要比梁架上垫高一砖约6 cm，为屋脊的升起打好基础，然后在两山墙和二架梁上各披一道线，计算好檐口压线位置，把线压好，开始在钉好的码子上卧棒（安放檩条）。粗檩用斧头砍去一点，细檩垫一块木块，使檩条上面和披线一致，再用铁钉固定。两山墙留出封山距离，用一根长木条将檩条钉死连在一起。檩条之间用砖砌补整齐，以保持檩条稳定。

由于厅堂类建筑用料讲究，梁架采取抬梁檩条两头也要粗细一致，每檩一开间，这样以三开间两梁架的堂屋为例，檩条接头就要在梁架上做燕尾榫相扣，以防檩条脱位，按照传统文化和民俗讲究，左为上公榫为阳，榫头要在东架梁上，和东间的檩条母榫相扣，母卯为阴，接头就要在西梁架上和西

图6-30　大客厅、祠堂等主要房屋用料较为讲究，檩条为单间扣榫安装　2014年摄

图 6-31　两搭稍檩条室内结构仰视　2019 年摄

间檩条的公榫相扣，相约成俗，这种做法早已成为规则，大家都自觉遵守了。

6.6　椽子制作安装

椽子下连檩条上铺笆砖，是屋面的重要组成部分，椽子安装，明间一定要双数，次间双数单数都行，所有的椽子加起来一定要是双数。三开间的房屋一般包外分三等份，实际明间净空大于次间一墙。椽距是根据笆砖的长度计算的，椽档坐中，然后在梁的两侧各定一根椽子安放一块笆砖，另外椽子绝不能压在梁上（图 6-32）。

图 6-32　崔焘故居上院三过邸椽子安装　2008 年摄

徐州的习俗说：椽子双数为喜事成双，椽子单数为"单椽（传），人丁不旺"，压在梁上为"搅梁，家里出泼妇"。

木作口诀：

一打三晃，前打后跟，越打越深。

三年斧头两年锛，刨子一生学不完。

快锯不如纯斧，鞭打快牛，锯使两头，轻提条，缓刹锯，锯锯不跑空。

前要弓，后要绷，肩臂用力往前冲。

刨子不栽头，栽头气死牛。长刨刨得叫，短刨刨得跳。

刨子有角刨不光，凿子无角打不方。

7　徐州传统合瓦屋面挂瓦

徐州及其所在的淮海地区屋面较南方陡峻，瞬时降雨量也不小，因而瓦屋面的施工就很重要，车村帮传统做法从材料到施工技艺都有不少讲究。

7.1　铺设笆砖

先选好规格一致的笆砖，把表面浮灰和杂物清理干净，然后过水打叠备用。将过细筛的白灰浆加上烟子灰调成浆水，用刷子涂刷在笆砖光面，使笆砖干后颜色一致，安放笆砖前首先备好白灰浆，一人站在檐口接过传来的笆砖，用手中的木条沾桶中的白灰浆，在笆砖的边口划一道白线传给上面的另一人，这种做法叫批线，批线只起到装饰作用。一椽档或多椽档同时铺设，铺设时要保持笆砖的横平竖直，当然笆砖铺设前要经过加工和挑选，从屋面的一头退到另一头，最好两坡屋面同时铺设，以防有的房屋因侧重引起屋面倾斜。要注意的一个问题是在笆砖铺设前量出蹬檐条的位置，确保屋面两头宽度一致，笆砖铺到顶部后两坡笆砖碰头相交（图7-1）。

图7-1　丰县梁寨镇程子书院"仰圣门"屋面铺设笆砖　2014年摄

7.2 千年灰

在铺好的笆砖上用水喷撒将笆砖表面湿润，然后将事先准备好的木梯放在屋面上，木梯上头系在事先预留的脊檩的麻绳上，抹灰师傅和递灰人都站在木梯上，以防把铺设好的笆砖踩坏，然后用小灰桶将已和制好的大麻刀灰轻轻倒在笆砖上，用抹子迅速打开，使其进入笆砖缝隙之中。一般第一遍灰厚度在 2 cm，如果是阴雨天气，要用塑料布进行覆盖，以免雨水污染下面的笆砖。接着用同样的办法抹第二遍灰，第二遍灰以找平为主，厚度大约在1~1.5 cm。两遍灰后漫大泥（泥背），漫大泥要在前两遍灰既不太湿也不太干的情况下进行，厚度 3~5 cm 不等，有的地方甚至大于 10 cm，以找出屋面坡度造型为准。如果天气较好，大约 2~3 天在大泥上抹一遍 2 cm 大麻刀灰，整个屋面就形成了一个防护层，即使瓦面有点漏雨，也不能直接接触笆砖而致笆砖下的椽子等木构件潮湿糟朽。麻刀灰是使屋面延年益寿的一项重要技艺，百姓称其为"千年灰"（图 7-2）。

7.3 挂瓦

挂瓦前一项重要的准备工作就是捡瓦（把瓦分类），不论使用新烧制的新瓦，还是原有的旧瓦，都要认真检查一遍。手工制作的瓦件（仰合瓦）在

图 7-2 丰县梁寨镇程子书院"仰圣门"屋面抹千年灰 2014 年摄

坯胎制作和烧制过程中产生的变形扭曲弧度不同，如果不经过挑拣就容易出现喝风现象，遇到大雨大风就会呛水、渗漏。而使用旧瓦问题更大，一般的老房子都经过多次维修，每次都要增加新瓦，造成瓦的规格杂乱，有的达10余种之多，做这项工作要有耐心，很费时，但无论如何都要把一个规格的瓦件放在一起。挂瓦时把较大规格的放在屋面中间使用，较小规格的依次平均放在两头或屋面的后坡，做到逐步过渡，保持屋面整体协调。只要发现瓦有损坏，就要立即更换，以防"小洞不补，大洞吃苦"。不论是何种屋面，一旦长草、长树就证明漏水非常严重，必须大修了。另外徐州地区的瓦屋面是镶垄抹灰，屋面所有脊兽砖瓦构件都必须在使用前润水湿润适度，确保其所有结构与灰浆紧密结合才能延长房屋寿命。还有瓦屋面最好不要在冬季施工，以防水分不干而使抹灰受冻脱落（图7-3）。

　　徐州地区民居屋面采用仰合瓦屋面，也有一种俗称"翻毛鸡"的屋面，"翻毛鸡"是全部用仰瓦排成的屋面，也有一种是两头仰合瓦，中部"翻毛鸡"做法。不同做法的瓦规格不同：仰合瓦规格约在13 cm长、19 cm宽，"翻毛鸡"用瓦规格约在长、宽15 cm，也有其他的一些规格（图7-4）。

　　以三开间房屋为例，在已经做好千年灰的屋面上找出中心，底瓦坐中，然后根据底瓦和上瓦（即盖瓦）的宽度尺寸来确定瓦垄，瓦垄一定要分成双数，瓦垄的间距要在不大于四指和不小于三指内的距离调整（约6 cm），挂底瓦的口诀是"露三露四不露五"，即上下两块瓦叠压部分为40%~70%，

图7-3　户部山崔焘故居上院屋面挂瓦　2008年摄

底瓦杆长约 18 cm，挂上瓦的口诀是"露二露三不露四"，即叠压部分为 70%~80%，上瓦杆长（即盖瓦的边长）约 13 cm，也可根据瓦杆的长短和屋面的陡坡进行适当的调整。挂瓦时在屋上放一个软梯，根据屋面坡度的长短安排挂瓦人数。排山时墙上预先要留出毛头排山或山墙披水的距离。瓦埂泥和坐瓦泥考究，坐瓦泥和瓦埂泥比例为过筛的亚黏土：石灰膏：麦糠=7：3：0.5 左右，干掺一遍然后用抓钩搂开，要反复用铁锹把下边的材料翻到上边，用脚踩至少三遍才能使用。

技艺口诀：底瓦坐中间，上瓦列两边（上瓦坐中为"穿心箭"），檐口要安牢，脑瓦填过半（脑瓦就是紧靠屋脊处且要插入屋脊的瓦，脑瓦要填入屋脊约三分之二长度），这四句话挂瓦时要特别注意。

图 7-4 "翻毛鸡"屋面

8　徐州传统屋脊与脊兽安装

　　屋面和屋脊的主要功能是防雨、保温、防暑。受几千年儒家思想的影响，屋面和屋脊又是显示社会地位等级的载体。另外屋脊和屋面还起到对房屋的美化装饰作用（图8-1、图8-2）。

　　徐州在历史上是兵家必争之地，战争频繁、兵荒马乱。历史上称徐州是南国门户、北国锁钥、交通发达，徐州也是刘邦和项羽的故乡，楚汉文化底

图 8-1　调脊要注意升起自然和正脊不高唇、垂脊不淹尾　2014 年摄（丰县梁寨镇程子书院大殿调脊安兽）

图 8-2　崔焘故居上院安装插花兽　2008 年摄

蕴十分丰富。这些因素造成徐州地方文化多元化，最有代表性的是表现在作为历史文化载体的古建筑上，尤其体现在屋面和屋脊上。

徐州传统建筑屋面无举折，既有物质方面的影响也有文化方面的影响，但是最直接原因有两点，一是由于木材紧缺，徐州民居梁架多采取用料较小的三角形，这种梁架构造是在抬梁式的构造上面再搭一个架（实为叉手），百姓形象叫重梁起架。但在承重方面却发生了颠覆性的变化，主要承重构件不再是梁而是叉手，叉手是直的，屋面当然也是直的，在徐州古民居建筑群当中，只有少数的厅堂才用垛子梁（抬梁）。垛子梁（抬梁）可以做出不同举折的坡度屋面，那么在一个建筑群当中怎么能有两个不同风格的屋面造型呢？看来是少数服从多数了。二是受楚汉建筑形式的影响，从徐州地区大量出土的汉画像石上的建筑造型来看，不论宫殿、楼阁都是无举折屋面。另外，对徐州周边现存的古建筑调查的结果来看，如户部山状元府现存房屋 40 间，有 9 间是垛子梁（抬梁）无举折屋面；崔焘故居上院现存房屋 65 间，大客厅是垛子梁（抬梁）无举折屋面；余家大院有房屋 100 间，29 间是垛子梁（抬梁）无举折屋面；翟家院有房屋 50 余间，有 3 间是垛子梁（抬梁）无举折屋面。徐州南林庄林探花府大客厅三间是垛子梁（抬梁）无举折屋面，徐州道台衙门现存大殿 5 间是垛子梁（抬梁）无举折屋面，徐州云龙山东坡山西会馆也是垛子梁（抬梁）无举折屋面等等。徐州民居体量较小，一般进深 4~5 m，有的进深只有 3~4 m，最大的厅堂也只进深 7~8 m。以上列举的一些古建筑既有民居厅堂，也有官衙寺庙，屋面都是无举折，多是硬山顶两面都为砖封檐，或一面砖封檐一面椽子出檐，有的两面檐高还不在一个平线上，因为徐州民居是半圆椽规格较小，挑檐长度只有 50 cm 左右，所以如果有少数起翘带囊的屋面不但不飘逸反而很不协调。不过因为翘飞椽和连檐增加的高度，会出现一些翘檐现象，因此为了减少屋面的挠度，有些师傅故意将檐檩降低。

徐州无举折屋面是风格传承问题，这一点也是徐州建筑界普遍认可的，原龟山汉墓序厅是我市已故著名建筑师翟显忠设计的，狮子山汉墓大厅是我市著名建筑师陈兴礼设计的，中央电视台摄影基地徐州汉城的大型宫殿建筑设计出自北京一位建筑师之手，沛县汉城的一批仿汉建筑设计出自南京一位建筑名家，徐州汉文化景区刘氏宗祠是徐州正源古建园林研究所青年设计师孙继鼎设计的等等。他们都不约而同选择了无举折屋面，这正是受了楚风汉韵古彭城文化的影响、文化的积淀，是一种自然而然的继承（图 8-3～图 8-7）。

图 8-3　修缮后的徐州户部山古民居——余家大院大客厅　2011 年摄

图 8-4　徐州道台衙门修复前　2014 年摄

图 8-5 徐州崔焘故居上院大客厅修复前 2005 年摄

图 8-6 徐州狮子山汉文化景区王妃墓 2008 年摄

图8-7　徐州狮子山楚王陵大殿　2015年摄

8.1　屋脊

　　徐州的屋脊丰富多彩，相互依存不可缺少。正脊有花板脊、大怀脊、小怀脊、花脊等，并且花板脊、大怀脊、小怀脊又有所不同。花板脊一般用在客厅堂屋，门楼过邸等屋脊上。花板脊题材广泛，其图案内容有象征荣华富贵的牡丹，出淤泥而不染的荷花，千姿百态的卷草等，它用于一些较为主要的房屋上。花板脊由脊块组成，高度要和兽头的高度相匹配，宽度要窄于压在脑瓦和包口灰上的太平笆砖，脊块一定要是单数，一般来说安装中间的最后一块脊，要举行合龙仪式，以示吉庆。大、小怀脊则根据房屋在院落里的地位来增减其层数和体量大小，大、小怀脊是在工地现场或作坊里用青砖加工而成。正脊安装时砌筑构件要吃足水并清理净浮灰，分多层砌筑，由于调脊技艺要求很高，既要保证脊不漏雨又要美观，就必须做到清洁干净、灰缝饱满、摆放平稳，下面的太平笆砖和上面的燕翅砖要错缝砌筑，每一层都要有掌班师傅认定并在不同角度审视后再砌下层，整个屋脊调成后，从中部至两端缓缓翘起，线条流畅，正脊两头脊砖挑出长短有序，有进有出，仔细品味其美不可言（图8-8~图8-12）。

图8-8　余家院学堂屋扁担脊（百姓脊）线条美观、起翘自然　2016年摄

图8-9　花脊（透风脊）

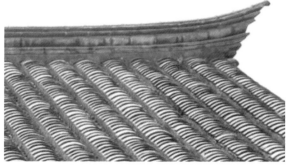

图8-10　大怀脊两下两上

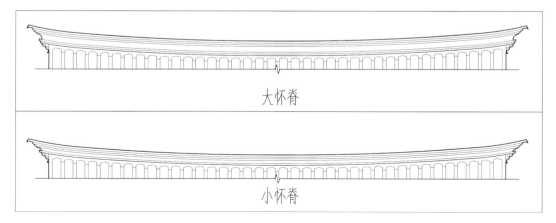

图8-11　大怀脊两下三上、小怀脊一下两上

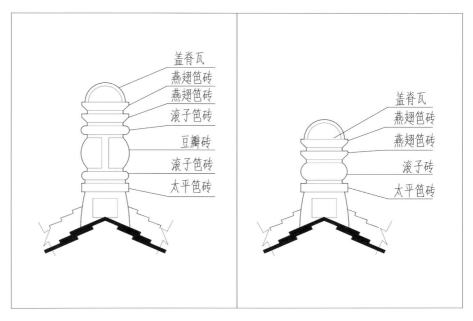

图 8-12　大怀脊、小怀脊做法示意图

徐州的屋脊另一特色是表现在垂脊下的抹角挑上（戗脊），北方的岔脊到末梢向外歪至 45 度不起翘，南方的岔脊到末梢一直向上高高翘起，而徐州地方民居岔脊头既向外歪 45 度，又昂然翘起，有进有退，其造型颇为奇特、雄壮，这种做法的产生其实是结构需要，常常用在排山勾滴和檐口勾滴结合部，这里两部分的筒瓦之间的缝隙需要牢牢压住。屋脊和屋面同根同源，是在同一个文化背景的影响下，逐步演变成一种风格，后来没有排山勾滴的房子也这样做了，正像前几年徐州的一位作家写的文章标题《雄性的徐州》一样。徐州的屋脊也应该是与众不同的（图 8-13~图 8-16）。

图 8-13　建于清康熙三十三年（1694 年），刘集车村粤王庙的正吻、垂兽、岔脊与抹角挑，车村帮弟子张培谏、胡传会曾先后维修该建筑　2016 年摄

图 8-14　徐州市鼓楼区周南故居，正脊、垂脊与抹角挑　2015 年摄

图 8-15　修缮保护后的李可染旧居的封火山墙（连升三级）　2008 年摄

图 8-16　1988 年车村帮弟子胡传会带领学员建造的铜山县柳新乡种子站大门　1989 年摄

图 8-17　柳新镇种子站门楼柱子下部技艺做法　1989 年摄

柳新镇种子站门楼柱子下部技艺做法见图 8-17 所示。

徐州的民居屋面和屋脊结合得很自然协调，与所要表达的主题思想内容珠联璧合，形成了徐州民居特有的风格和个性。

封山：在脊檩钉一个挑线棒，披上施工线，下部和计算好封檐砖层数对接，上边从挑线棒往下按封山层数计算扎线砍碴，封山层数不等，根据房屋的主次大小地位确定。封好山后，最上边一皮砖要高出檩条约 10 cm，与最上部的千年灰基本持平。

8.2　脊兽

徐州大户人家房屋的房顶都装有兽头，一般为"五脊六兽"，即一根正脊的两端各安放一个兽，叫正脊兽，四根垂脊的三分之二处各安放一个兽，叫垂脊兽，正脊兽头朝外。比"五脊六兽"高一级的是"插花兽"，即在正脊兽头上安装兰草状铁花。比插花兽再高一级的是"插花云燕"，即在插花兽头上立一根铁柱，上镶 3~5 层铁制云朵，作为铁柱的分枝。铁柱上还镶有一对铁制月牙。铁柱最顶端有铁制的飞燕，故名"插花云燕"，为防止被大风吹掉，正脊兽头上留有圆孔，铁花和铁柱都通过圆孔直插脊檩中。"兽头""插花兽"和"插花云燕"都是房脊的装饰品，并都体现出严格的等级观念。正脊兽又分为两类：张嘴兽和闭嘴兽，一般房屋主人取得功名，兽头和云燕才能张着嘴。没有功名的人，只能用闭嘴的兽头和云燕。张嘴兽和闭嘴兽又各有卷尾兽和鱼尾兽等品种，正脊兽不论张嘴或闭嘴兽，都用在正脊两端头向外。垂脊兽用在每条垂脊向下约三分之二处，其下为岔脊。徐州民居很少使用跑兽，最高等级的房屋装有插花云燕等（图 8-18~图 8-25）。

图 8-18　插花正脊兽

图 8-19　正脊卷尾兽

图 8-20　正脊卷尾兽

图 8-21　崔焘故居上院施工时发现残件复原后的垂脊
鱼尾兽

图 8-22　垂脊叉尾兽（徐州地下城出土仿制）

图 8-23　垂脊无毛兽（徐州地下城出土仿制）

图8-24 垂脊望天兽（徐州邳州市明代关帝庙旧物仿制）

图8-25 正脊多毛兽（抢救的车村帮工艺遗存）2009年摄徐州户部山

8.3 脊兽安装

　　脊兽安装前要先把要用的脊块和兽头在地面上摆放"试活"，和兽配套的脊有花板脊，也可用大怀脊，其结合的高度要求是脊不淹尾，不论是正脊、垂脊都要遵守这个原则，否则不成活（不好看）。用灰一般分为两种，一种是白灰膏加5%的草木灰和制而成的月白灰，第二种是在和好的月白灰里加3%的小麻刀，和成麻刀灰。月白灰作为脊兽的垫底灰和碰头灰，麻刀灰则作为脊块下面的包口灰。包口灰是整个屋脊上很重要的一环技艺，关系到整个屋脊的寿命长短。包口灰的和制方法是，首先用竹条或树枝把麻刀打开，然后把麻刀撒在和好的灰浆上，用铁锹把灰浆从四周往麻刀上堆放，直到麻刀和灰浆均匀为止。抹活是传统技艺的一项重要技术，把铺在太平笆砖下的麻刀灰仔细抹压，反复数次，直到弧度一致，坚实光滑为止，包口灰最好在脊块安装完成后专门抹制。每层脊块砌好后，要在脊块上适量润水，然后用麻刀灰找平，特别要注意脊块接头处用小压子填灰压实，接着再砌第二层脊，如果是花板脊，要特别注意碰头缝的饱满，因为花板脊较高，通缝到顶，下面的太平笆砖和上面的燕翅砖上都要认真抹压麻刀灰，燕翅砖上的盖脊瓦要用麻刀灰做胎，挤实碰头缝，以防渗水。灰在脊兽上的作用非常重要，有"齐不齐，一把泥"之说，就是指灰用得好不好。

8.4 大脊合龙仪式

徐州古民居大脊合龙风俗寓意十分美好，选择在吉日午时之前，院主人将事先准备好的五谷杂粮分别包装好放入脊内，再将用宣纸写好的盖房年月日及一些钱币等认为有纪念意义的吉祥物品一起放进预留脊块内，然后用大红绸子扎一束彩球捆在脊块上，由两人托起交给梯子上的两人，梯子上的两人再交给檐架上的两人，檐架上的两人再交给屋面上的两人，屋面上的两人再最后交给安装屋脊的两人，一共十人表示十全十美，祈求吉祥如意，年年五谷丰登。

吉时已到，主事大声呼喊："鲁班祖师到了，大脊合垄！"顿时鞭炮齐鸣，众人齐呼大脊合龙了。站在檐口上的人朝着四面八方撒糖，以敬过往神灵，百姓抢糖造成热烈气氛，欢天喜地。屋顶上负责合垄工匠，将合龙脊块放在预留好位置上，把缝抹严密，清洁干净并刷上和其他脊块一样的颜色，主持人宣布大脊合龙结束。盖房师傅和亲戚朋友入席吃酒相互祝贺。

技艺口诀：家有功名张嘴兽，家无功名闭嘴兽，偏房倒座不安兽，主房堂屋安六兽。

8.5 山花、山云

山花在徐州指的是山墙上方嵌在墙里或粉饰在墙上的方形装饰，山花根据房屋的大小而定约 0.50 m 左右，镶在主要房屋山墙顶部，题材内容多样，有狮子滚绣球、鱼跃龙门、牡丹图等。烧制方法和脊兽基本相同，山云则是在山花周围用麻刀灰抹成白色，形似白云飘扬。山花、山云使呆板山墙发生了变化，产生了一定艺术效果，并增加了房屋的文化内涵。也有直接用灰和山云抹成的山花。

山花的安装高度要适度，先将山花立好，上下注意，两角垂直，两边用砖砍磋、坐灰、戗住，要特别注意的是其上尖高度至封山下口，以不超过 30 cm 为宜。

山云是山墙的装饰品，突出主要房屋的地位。为了山墙生动美观，造型采用麻刀灰抹出一些有文化内涵、形似白云的图案，百姓称山云是徐州民居传统营造技艺的神来之笔。

　　山云的抹制方法是把山花安装好以后，用水把抹山云需要的砖墙部分润湿，用和制好的小麻刀灰抹制事先画好的图案。注意要上薄下厚，上部厚度1.5 cm左右，下部要达至3 cm为好，这样才有立体感。对抹好的造型要反复润水、挤压、整理干净，做到不污染砖墙。

　　徐州地区不同种类的山花、山云做法见图8-26~图8-40所示。

图8-26　徐州拾家大院灰塑山花、山云

图8-27　徐州平山寺灰塑山花、山云

图8-28　徐州户部山崔焘故居上院二进堂屋山花、山云

图8-29　徐州户部山崔焘故居上院二进西堂屋山花

图 8-30　徐州户部山崔焘故居下院内客厅山花、山云

图 8-31　徐州周南彭敏故居山花、山云

图 8-32　徐州户部山郑家大院山花、山云

图 8-33　李可染旧居山花、山云

图 8-34　金山桥开发区任家大院山花

图 8-35　火神庙巷 12 号山花、山云

图 8-36　丰县王沟镇刘氏家祠山花

图 8-37　丰县孙楼镇高楼村高氏家祠山花　2020 年摄

图 8-38　徐州户部山权谨牌坊山花、山云

图 8-39　徐州户部山刘家大院山花

图 8-40　徐州户部山郑家大院山花山云

搜集到的部分"车村帮"技艺，山花遗存实物，见图 8-41。

图 8-41　部分"车村帮"技艺，山花遗存实物

9　徐州传统室内外地坪铺设

9.1　室内地坪

　　徐州古民居一般的房屋的室内地坪铺条砖（砌墙用砖），厅堂类规格较高的房屋铺设方砖。在砖地坪铺设前把室内用土回填到一定的高度，按填三打二的要求从下而上分层夯实，最上面一层为三七灰土垫层，三七灰土厚度约 15 cm 左右，三七灰土既能使室内地坪坚固又有防潮作用，是一项非常重要的营造技艺。铺设地坪的砖要调水润湿，在找平的三七灰土上面分线排底子，确定房屋中线。铺砖方法：青砖有骑缝铺和席纹铺等铺法，方砖有坐中铺和吊角铺等铺法。横竖带线，砖的光面在上，石灰膏坐底灰和碰头灰，砖块要横平竖直，缝隙要小，地坪后部到门前一般要留出反水，约 5 cm。整个地坪铺完，经检查合格后，再洒水扫缝，整个地坪的铺设工序就此完成（图 9-1）。

9.2　院内地坪

　　首先选择质量较好的天然青石板，规格有 40 cm×50 cm 或 30 cm×60 cm

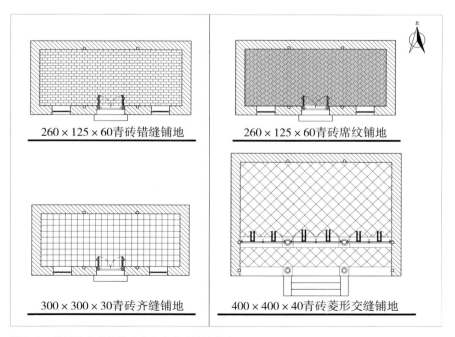

图 9-1　徐州民居常用的几种室内青砖铺地做法

等规格，厚度不低于 6 cm，凿打平整并打出点状或条纹备用。石板铺设前把整个院子填土打夯整平（做法如室内地坪），最后一层铺设夯实 20 cm 厚的三七灰土垫层，然后按照"整体放线定位图"，找出院落的高度和出水口高度，弹出边线。按主房和厢房的门中线铺设路心石，再沿路心石两侧将石板铺设到花园或墙根，根据户主要求，也可根据自己的想法留出种花、种草的位置，缝隙要控制在 2 cm 以内。墙根部位如有花园要留出散水位置，以利排水。铺设石板的材料是用过筛的三七灰土或黄沙白灰做垫灰和灌缝。操作时一定要用橡皮锤把石板砸实，缝隙里的灰土扫满后，用窄于缝隙的扁木条用力捣实，这样的地坪既能渗水又有非常好的生态功能，是徐州地域铺地的通常做法（图9-2）。

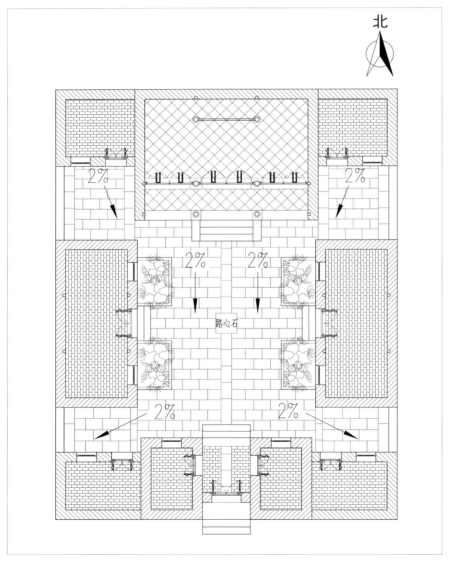

图 9-2　院内地坪铺设示意图

10 挑土墙和苫草屋

徐州地区生活水平较低，农村盖房多用土墙和草屋面，一是费用低廉，二是较厚的墙体和屋面冬暖夏凉，适应当地的气候环境，也是先辈们"因地制宜，就地取材"的理念在民居营造技艺中创造与具体应用，功不可没。

10.1 挑土墙

徐州周边地区挑墙技艺：首先提前用水把准备好的二合土浸湿，沙土、黏土各半，然后撒上相应的麦草，用抓钩翻刨不低于三遍，把麦草和泥土和制均匀（图10-1）。挑第一茬墙的时候，用三齿铁叉在和制好的泥堆里挑起泥块压茬摆放在基础上，达到一定的高度后不断用铁叉拍打两边使之密实和达到墙体需要的宽度。基础上达80 cm左右即为一茬高度，然后用水平尺把四角找平，用线垂把墙角吊正，先刷出四个墙脚，然后内外两边挂线，用一种自做的工具——"墙搂子"刷墙，刷墙时最好是两侧同时进行，以防向一侧倾斜，宽度都在50~60 cm，等到墙干到七成时即可挑第二茬墙。挑二茬墙

图10-1 建于20世纪60年代的土墙屋正面，草顶已经换成了机制红瓦

时在第一茬墙上站一个人掌叉，下边的人用铁叉把和好的泥挑起一叉放在第一茬墙上，再由掌叉人把泥块错落摆放在第一茬墙上，遇门窗留洞，挑到约80 cm高度为第二茬，第二茬墙干后挑第三茬。挑第三茬墙前，门窗过木要安装好。一般第三茬墙可到屋檐高度，如果高度不够还可以挑第四茬。挑土墙在春季挑最好。有一句话可体现出挑土墙的繁重劳动，叫作"脱坯挑墙，活见阎王"。

挑墙口诀：

一茬高，二茬矮，三茬叉子往上甩，三尖土坯往上摆，墙倒三遍给砖不换。

挑好的土墙干后十分坚固，表面平整，掺在泥土中的麦草在刷墙后紧贴在墙面上，就像给墙体穿上了一件衣服。房屋盖好一般都要对墙体内外用掺灰泥进行粉刷（重量比白灰3：熟土7：麦糠5），墙上的麦草就成了连接墙体与粉刷灰浆的连接材料（图10-2~图10-6）。因为外部粉刷面的保护和土墙自身宽厚的墙体非常坚固，上有封檐防雨，下有石基础防潮，即使外面的麦糠泥脱落，墙也不会倒，屋也就不会塌，目前徐州还有不少百年以上的土墙房屋，可以证明这一点。

图10-2　和泥

图 10-3　挑墙

图 10-4　土墙挑好

图 10-5　刷墙

图 10-6　新挑好的土墙和挑土墙的工具（左起抓钩、铁叉、铁叉、墙搂子）

青门头墙：青门头就是在房屋的门窗处将以上述方法挑成的土墙裁掉部分泥墙，代之，用青砖镶砌，门头过木上也用青砖砌筑，至四眼齐（封檐高度）用青砖封檐，两头山尖也用青砖砌筑，这种墙称"青门头"，是高于挑土墙、低于青砖墙规格的一种墙体（图10-7、图10-8）。

图 10-7　建于 20 世纪 70 年代的徐州丰县农村青门头做法　2019 年摄

10.2　草屋梁架制作安装

草屋梁架安装要等土墙干透，搭好脚手架后，找出水平、铲平墙口、分好开间、找出梁架的中线位置，在梁架前后两头下部安放稳梁板，以通过稳梁板把梁架所承受重量均匀传到下面的土墙体上。稳梁板长约 60 cm，窄于墙体约 10 cm，以免影响檐口封檐，稳梁板下用掺灰泥找平，使之密实（图10-9）。

草屋梁架要根据房屋的宽度选出两根叉手和一根梁的木料，徐州多用当地产的榆木、槐木或柏木，构成一个三角形梁架。其原则和重梁起架一样按徐州民俗和穷梁富叉手的做法，如遇到弯曲木料做梁架时一定弯度向上（图10-10）。

梁架安装可以整体安装和散装，整体安装就是用扒钉将梁和叉手固定在

图 10-8 建于 20 世纪 70 年代的
徐州丰县某农村现存的青山花（内
用土坯，外用青砖） 2019 年摄

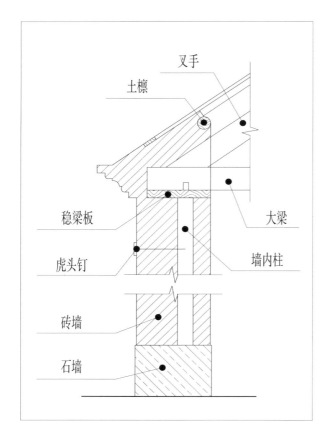

图 10-9 稳梁板位置关系图

图 10-10　建于 20 世纪 70 年代徐州户南巷草屋室内梁架和檩条苇笆　2008 年摄

一起，在叉手的碗口（叉手交叉点）处一侧和梁中部绑一根木棒，在木棒尾部栓一根绳子，下面的人往上举梁架的一头，站在墙口上的人往上拉，然后再拉另一头，梁架拉上墙口形成倒挂状态，经验丰富的师傅指挥站在下部的人拉住绳子翻转梁架，然后双手抱住绑在梁架上的木棒和梁架保持垂直站立，梁头上标好的中线要和墙上标的中线相对，迅速从梁架两侧插入叉杆，用绳子捆绑叉杆下部，用木料或石块压住叉杆梁就安装成功了。散装梁架就是在梁的一侧搭好脚手架，人站在脚手架上把加工好的叉手和梁进行组装，然后用铁扒钉楔死，用叉杆标直就可以安装檩条了，叉手梁和清水活"重梁起架"制作方法基本相同，只是简单了些，去掉了二梁和站柱，木料也没有清水活讲究。（图 10-11~图 10-14）

10.3　草屋檩条安装

草屋檩条一般采用当地家前院后树木，不足部分也到集市去采购，由于当地树品种问题，大都弯曲不直、粗细不均。但脊檩要选其中最好的开斜榫或燕尾榫对接，其余檩条则不再开榫。粗点的稍做砍刨，细的则用垫木才能使檩条上部坡面较为一致。在这样的一些情况下，匠人们发挥聪明才智总结了一套专门应对不规则木料的专门技艺。如果遇到弯度较大的檩条，在檩条一头顺弯弓打眼，插入一个约 0.5 m 长的木棍，将木棍固定在山墙上或叉手上，这样檩条在受力时才不会翻转，使檩条的平面和屋面坡度保持一致。弯度较

图10-11　做好上梁的准备（民俗文化）

图10-12　上梁撒喜糖的场面

图 10-13　徐州户部山古民居翟家院后院西厢房落架大修时梁架安装场景　2011 年摄

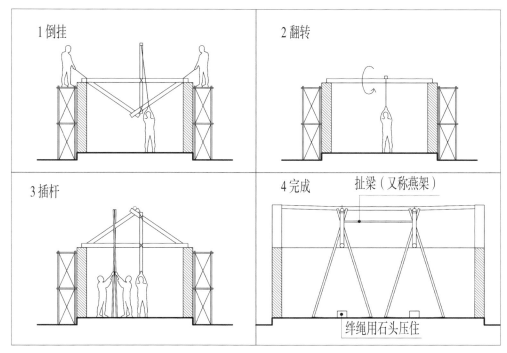

图 10-14　叉手梁上梁示意图

小或多弯的檩条，可以拉线用木条找平上口一面有线。但有一道程序必不可少，就是要掌班师傅在室内仰视各檩条之间的空间是否协调一致，通过了这个程序才能把檩条固定下来。

1）扎把子

扎把子就是徐州民居传统营造技艺发明的一种低于椽子规格，高于蹬笆铺菭规格，承托屋面瓦件的一种就地取材衍生的技艺做法。扎把子时首先在地上钉上小木桩，在木桩上栓一根绳子，绳子上有一个木制把手，绳子的长短决定了把子的粗细，就是说把子扎粗一点绳子就长一点，把子扎的细一点绳子就短一些。扎把子可以把高粱秆或芦苇一些长短粗细不同的材料捆扎在一起使用，过程是把所需要的材料放好后，用栓在木桩上的绳子绕紧，用脚踩住木把手，然后用细绳捆扎，捆扎好放开把手往前延伸并不断加入所用材料，不断捆扎，使把子保持粗细一致，扎到需要的长度为一根，把子的直径约7 cm（图10-15、图10-16）。

2）握把子

把扎好的把子一头放到屋檐下面的脚手架上，檐口脚手架站一人，一人骑坐屋脊上，在屋脊下面二檩上放一块小架板，以便骑坐檩上的人放脚，以保持安全。从一头开始站在檐口脚手架上的一人拿起一根把子递给坐在脊檩上的人后，把把子的下一端放在檐口的位置上，坐在脊檩上的人把把子在脊

图10-15 扎把子

图 10-16 扎把子 2020 年摄于李家大楼

檩上压弯使之垂到另一端檐口位置，如此一根一根递到脊檩另一端将把子固定，两边檐口上的把子由站在檐口上的人顺好，摆放均匀，用泥压好固定以便进行下一道工序。

　　3）蹬笆

　　（1）用高粱秆、芦苇秆或其他植物秸秆直接作为承载屋面基层的做法叫蹬笆。一般在徐州民居传统营造技艺有两种：一种是把带根砍起的高粱秆经过挑选备用，一种是把割下的芦苇摘掉叶片备用。

　　（2）高粱秆：蹬笆前把带部分根茎砍下的高粱秆选好，和握把一样，一人骑坐在脊檩上，先把多根高粱秆固定在脊和山墙结合部，根部在上，然后这边一把那边一把（一把2~3根），交叉排列后退并用手中的木板不断拍打高粱秆根部，使之咬紧平齐，使高粱秆根部你中有我、我中有你，形成链条状，直至另一端。最后一把高粱秆固定在脊檩上时，把下部檐口处摆放整齐，压泥备用。

4）芦苇蹬笆（又叫拧笆）

和高粱秆程序一样，只是把芦苇上稍交给骑坐做脊檩上的人，利用芦苇稍较为柔软的特点相互拧在一起，形成链条，在二檩或三檩上用细绳子绕檩捆绑固定，或用板条直接定在檩条上。两边檐口部分也要摆放顺直压泥备用。

5）织葄和铺葄

把高粱秆去根或芦苇摘叶备用，先找一面墙或两根柱子之间高约 0.80 m 的地方，捆一根约 16 cm 的平直横木，把事先准备好的细麻绳留足长度，两头各拴在一块砖上，用五根或六根经都行，先把其中三根经相互换位压住第一根（也有二根至三根的）高粱秆或芦苇秆上，然后再放第一根高粱秆或芦苇秆，反复交替达到一定的长度，剁掉两头超长部分即形成一片笆葄。往往织葄时是要根据每间房子一面的长宽而定尺寸为一张葄，铺葄时把卷好的葄递到檩上，骑坐在脊檩上和站在屋檐脚手架上的师傅从房子一头同时将葄放开到位，葄头放到脊檩中线上用板条钉死，每檩钉一根板条，一间一间进行，脊上钉板条时要特别注意，一旦脱脊就要把全部板条起掉重钉（图 10-17）。

图 10-17　织苇葄（照片由吴朝和提供）

10.4　草屋屋面

徐州各地有各种直接使用苫草作为屋面材料的做法。

屋面苫草的种类及前期准备工作：

屋面苫草在徐州地区有三种材料：一是大面积使用的麦草，二是谷子节杆，三是当地山上自然生长的一种野草叫红草。从当地的屋面苫草材料来看，徐州地区小麦种植面积大，麦草丰富，除了作为耕牛的饲料外，一般农户都用麦草盖房子（图10-18、图10-19）。谷杆多用于草屋托檐和废头装饰，红草是比较高档的屋面材料，产量有限，用于大户人家特别的房屋，如亭子等。

麦子收割后，运到打麦场，用铡刀一铡两段摊开晾晒，干后用牛、马匹或驴拉石磙碾压，脱掉小麦颗粒把麦草集中堆放成圆形或方形草垛，压泥备用。

图10-18　20世纪四五十年代砀山县附近农村土墙草屋（照片由吴朝和提供）

图10-19　20世纪四五十年代徐州奎山附近民居土墙草屋（照片由吴朝和提供）

顺草时把草垛扒开摊成 50~60 cm 的厚度，然后洒水润草。用木叉挑起翻转使麦草处于均匀潮湿状态，润草使麦草变软便于顺草。顺草人要蹲下来用双脚挡住麦草，然后用双手把面前的麦草左右分开，中间多两头少，反复如此使麦草形成一个约 0.40 m 宽、0.60 m 长，中间厚两头薄的一个形态，以便苫草时错缝压茬，然后打摞。打摞就是把顺过草的草摞起来，横竖排放。打摞可以使麦草整齐密实，保持湿润，不易滑落，方便操作。打摞地点应选择在所要建房前后，可以直接使用（图 10-20~图 10-27）。

图 10-20　割麦（照片由吴朝和提供）

图 10-21　把麦草一铡两截，上半部分碾压脱粒后作为苫草屋的材料（麦瓤）（照片由吴朝和提供）

图 10-22　铡麦草用的铡刀

图 10-23　用毛驴拉石碌碡碾压麦草脱粒（照片由吴朝和提供）

图 10-24　手扶拖拉机打场脱粒（照片由吴朝和提供）

图 10-25　分类堆放的麦草垛

图 10-26　打场用的木锨、三股木叉

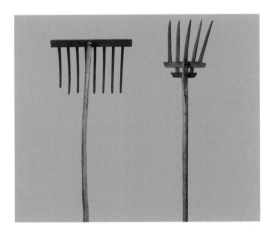

图 10-27　打场用的搂耙和五股排叉

10.5　屋面苫草

苫屋面的第一道工序就是檐口抹草泥，然后檐口的草一定要挤紧，不然以后屋檐会掉草稀疏，这是徐州草屋苫草的秘诀。第一层摆放完成后，抹一层泥压住草头，然后开始大面积苫草。一般三间屋面上要有 2~3 人。屋的两头各一人做"废"头，中间一人苫屋面。一面苫草一面用木钉板搂打，把横草搂出，苫到一架高度后抹一遍腰泥，然后吊大木。在苫好草的屋上面放一根绳子吊在脊檩上的木棒叫大木，实际是苫草屋的脚手架。大木可以随着屋面苫草的高度不断升高，人可以站在大木上继续进行叠脊。叠脊时两边人把草互相咬接收缩直到脊顶。

接着压屋。做法是脊的两边各站一个师傅，一侧大木上再站一人供泥，掺灰泥更好，可以用布兜也可以用木锨传泥，也有人可以直接把带泥的木锨抛到站在大木上的人，泥从地面一直传到屋脊上，这样从一头压到另一头脊就压完了。接着是压废头，废头是草屋面两头的边角，最容易被风吹坏，压废头非常重要。废头做得好看屋面才美观。草屋废头有两种做法：一种是用顺好的麦草直接摆放，但是要注意的是，里高外低、薄厚均匀，使雨水顺利排放，然后撕拽整齐压泥（掺灰泥）；另一种做法就是把顺好的谷杆用铡刀铡成两段，这种做法叫装废头。装废头要把小头放在里，外面是齐茬，装好非常整齐，上下一条线，厚度约在 25 cm，非常美观，但是也要掌握好里高外低，不让雨水倒流。这项工序一般挑选技艺好的师傅承担。徐州地区多风，压"废"头其作用就是压住房屋的两头草不被吹走或滑落。有经验的师傅能把压脊压"废"的粗活细做，使同样的草屋面显得很有品位。

技艺口诀：三分苫屋，七分顺草，屋面厚薄，看草说话，檐要收紧，废要压住，7 年不刮，8 年不漏（一般草屋 7~8 年修一次）。

10.6 平瓦屋面和"猴戴帽"

平瓦屋面举架高度一般在 25%~28%，徐州及周边地区农村建房这种瓦屋出现在 20 世纪六七十年代。瓦是欧式建筑平瓦改良品种，采用亚黏土使用简单机器或人工和泥做坯，阴干后装窑烧制，有灰色和浅红色两种。

屋面挂瓦：在做好的屋面基层上，从山墙一侧先摆放一排平瓦，排的多少以最后一块脑瓦到屋脊中部为准，要特别注意骑缝压中，上下一条线，人站在瓦梯上，顺茬摆放，站在檐口的师傅掌檐指挥，不断用尺杆校正。屋面瓦的横平竖直、快慢、前后（瓦缝超前叫"快"，落后叫"慢"），挂一段拉线校正，两坡挂完到头用瓦条补齐，然后盖脊做稍（废头）。脊的两端有人做出挑的简单脊头，也有的直接用灰收口抹圆，俗称"和尚头"。行内有句话叫"调脊抹稍（废）小工睡觉"来形容挂瓦时小工（又叫办下）的活比较累，调脊抹稍需要细致，用料又少，小工当然比较轻松。（图 10-28~图10-32）

另一种屋面叫"猴戴帽"：在做好的平瓦屋面基层（苇箔或把子上）漫好泥，檐口向上和两山墙向里各瓦 4~5 排平瓦，然后苫草。苫草两坡和山墙都压在约一块平瓦上，苫草方法同苫草屋。然后压脊压废两头的平瓦屋脊伸进草屋

图 10-28　暖暖的红瓦屋面已成为徐州广大农村一道亮丽的风景线　2020 年摄

图 10-29　红瓦屋面"和尚头"

图 10-30　车村帮 20 世纪 90 年代技艺传承的农村小院　1995 年摄于徐州铜山柳新镇孙庄村

图 10-31　农家小院堂屋别出心裁的花瓶脊　1992 年摄于铜山县柳新镇孙庄村

图 10-32　平瓦屋面"秀才"脊　2020 年摄于徐州铜山柳新镇孙庄村

废内，草屋顶像给瓦屋顶戴了一顶帽子，大家都叫"猴戴帽"。其实这种做法表现了人们居住环境的变化，是一个时代的记忆，是从草房向瓦房过渡的中间阶段。

内墙抹灰刷粉：除去墙体浮土洒水湿润，先用掺灰泥抹平，掺灰泥配合重量比为过筛熟土∶过筛熟石灰或石灰膏∶麦糠（小麦脱粒后的外壳）=7∶3∶0.5。其和制方法是先把过筛土、石灰、麦糠干掺两遍，加水浸泡后，在一侧用铁锨抄底翻转，用脚踩踏，这样反复三遍，泥就和成了，这样的方法和泥均匀、柔软、附着力强、不易脱落。在抹好的掺灰泥表面再抹一遍，每 50 kg 石灰加 2.5 kg 麻刀和制的麻刀灰，干后用石灰水加少量食盐涂刷，不易脱落。内为清水砖墙的房屋，则不再抹灰，或直接刷石灰水两遍。

11　徐州传统油饰彩画

11.1　木材面油饰

在古民居修缮工程中，由于木材面油饰作用的广漆价格较高，过不了工程造价的造价关。经过多年的研究实践，因地制宜，技术创新，用地方传统油饰材料做底，广漆罩面，在技艺上仍按"一麻五灰"程序施工，取得较好效果，这一成果现被广泛使用，得到一致好评（图11-1~图11-6）。

具体做法如下：

（1）梁、檩、枋等大木构件面

① 撕缝、找平；

② 用醇酸清漆打底，3~4天打磨一遍；

③ 捉缝灰一遍，腻子用清漆与80目熟石膏、瓦灰和制，干后打磨；

④ 满批腻子两遍（清漆、石膏粉、精细沙，比例为3∶2∶0.8），干后打磨；

⑤ 紧面灰一遍（清漆、石膏粉、瓦灰，比例为3∶2∶0.5），干后打磨；

⑥ 上色（清漆、903#铁红、青梅、银珠，比例为10∶0.5∶0.3），干后打磨；

⑦ 固色，清漆为主。冬天需要7天左右，夏天需要3天左右；

图11-1　上第一遍底漆

图 11-2　板门铺麻布

图 11-3　教学实训室建筑技艺展示

图11-4 柱子的"一麻五灰"技艺传承

图11-5 "一麻五灰"技艺的黑色廊柱

图11-6 已油饰完成的花棂门

⑧ 罩面用广漆（毛坝漆）。

（2）木柱面，古式库门、实板门面

① 撕缝、找平；

② 用醇酸清漆打底，3~4 天打磨一遍；

③ 捉缝灰一遍，腻子用清漆与 80 目熟石膏、瓦灰和制，干后打磨；

④ 满批腻子一遍（清漆、石膏粉、瓦灰，比例为 3∶2∶0.5），干后打磨；

⑤ 背麻布用广漆（大木漆），切去毛头；

⑥ 批腻子三遍（清漆、石膏粉、粗中细砂，比例为 3∶2∶0.5），打磨三遍；

⑦ 紧面灰一遍（清漆、石膏粉、瓦灰，比例为 3∶2∶0.5），干后打磨；

⑧ 上色（清漆、903# 铁红、青梅、银珠，比例为 10∶0.5∶0.3），干后打磨；

⑨ 固色，清漆为主。冬天需要 7 天左右，夏天需要 3 天左右；

⑩ 罩面用广漆（毛坝漆）。

（3）木花棂门、窗、挂落面

① 用醇酸清漆打底，3~4 天打磨一遍；

② 修去毛头，打磨一遍；

③ 满批腻子两遍（清漆、石膏粉、精细沙，比例为 3∶2∶0.5），打磨两遍；

④ 紧面灰一遍（清漆、石膏粉、瓦灰，比例为 3∶2∶0.5），打磨一遍；

⑤ 上色（清漆、903# 铁红、青梅、银珠，比例为 10∶0.5∶0.3），干后打磨；

⑥ 罩面用广漆（毛坝漆）。

（4）木椽、斗拱等小型木构件面

① 用醇酸清漆打底，3~4 天打磨一遍；

② 修去毛头，打磨一遍；

③ 满批腻子两遍（清漆、石膏粉、精细沙，比例为 3∶2∶0.5），干后打磨；

④ 紧面灰一遍（清漆、石膏粉、瓦灰，比例为 3∶2∶0.5），干后打磨；

⑤ 上色（清漆、903# 铁红、青梅、银珠，比例为 10∶0.5∶0.3），干后打磨；

⑥ 罩面用广漆（毛坝漆）。

（5）木隔断、檐板、博风板面

① 撕缝、找平；

② 用醇酸清漆打底，3~4 天打磨一遍；

③ 捉缝找平，腻子用清漆与 80 目熟石膏、瓦灰和制，干后打磨；

④ 满批腻子两遍（清漆、石膏粉、精细沙，比例为 3∶2∶0.5），干后打磨；

⑤ 紧面灰一遍（清漆、石膏粉、瓦灰，比例为 3∶2∶0.5），干后打磨；

⑥ 刷色漆两遍，打磨两遍；

⑦ 罩面用广漆（毛坝漆）。

（6）木雕花板和木梁架、门、窗等有雕刻的部分面

① 用醇酸清漆打底，3~4 天打磨一遍；

② 修去毛头，用听棒仔细打磨图案两遍；

③ 满批腻子两遍（清漆、石膏粉、瓦灰，比例为 3：2：0.5），干后打磨；

④ 上色两遍（清漆、903# 铁红、青梅、银珠，比例为 10：0.5：0.3），打磨两遍；

⑤ 罩面用广漆三遍（毛坝漆）。

11.2　彩画

　　徐州地区的古建筑彩画大都用于厅、堂、亭、阁一类的建筑上，在整个建筑群当中所占比例较少，但正是如此，更使得有彩画题材的房屋光彩照人。新中国成立以后由于产权发生了变化，大部分厅堂楼阁改变了功能，有的作为办公用房或居民用房，有的被烧火做饭的烟熏毁掉，所以古建筑彩画幸存下来的寥寥无几，完整的彩画几近绝迹。经数年来调查发现，徐州地区现存有彩画的古建筑仅四处。

　　第一处是在 2003 年，徐州正源古建园林研究所受邳州市土山镇人民政府委托，勘察制定土山关帝庙保护维修工程设计方案时，发现了关帝庙大殿西侧偏殿垛子梁（抬梁）式木构架上的原有彩画，根据前廊的碑刻及彩画的纹饰特征判断是清道光年间所绘，勘察人员当即拍照留存。在 2005 年土山镇关帝庙修复工程施工中，在彩画表面进行了透明漆封护，原始彩画现仍依稀可见，这是当时研究所能做的较好选择（图 11-7）。

　　关帝庙彩画是包袱式苏式彩画，五架梁、七架梁中间的包袱不是单一方向的正搭或反搭，而是两种形式组合在一起。五架梁是由直线三角形的包袱正反搭在一起，展开面组成相对的两块菱形、两块三角形，里面绘制团花图案。七架梁中间的包袱则是有若干段弧线形组成的软包袱正搭或反搭组合在一起，包袱内绘写生花卉。包袱两端的藻头上不画彩画，只是木构原色或涂刷红漆。梁的两个端头都是曲线型的木构造型。七架梁的随梁枋上绘制松木纹，和探花府的彩画相同。

　　第二处是距徐州市区南 30 km 的安徽省宿州市林庄村探花府的彩画。2003 年，徐州正源古建园林研究所在调研徐州地区现存古建筑存量时，在林庄探花府发现了比较清晰的彩画。户主林方标是清嘉庆年间武探花，其故居是以徐州为中心的淮海经济区唯一现存比较完整的古代官邸，建于清嘉庆十八年，彩画时间应该是清代中期偏晚嘉庆时期的原始彩画。现为宿州市重点文物保护单位（图 11-8、图 11-9）。

　　林庄探花府大客厅面阔五间，房屋坐北向南，硬山布瓦顶，前伸卷棚式

图 11-7 邳州市土山关帝庙清道光年间彩画 2010 年摄

图 11-8 原徐州市铜山县林庄探花府檐下清嘉庆年间木雕彩画（现属安徽省宿州市）

图 11-9　原徐州市铜山县林庄探花府前廊彩画（现属安徽省宿州市）2010 年摄

走廊，廊内木构上保留有精美的彩画，而厅内大梁无彩画。前廊采用类似江南厅堂前廊的船篷轩和月梁式举架。其月梁及四架梁彩画，均采用木雕上色与木构上色绘彩画相结合的手法，使整个彩绘画面有凹凸层次感，增加了阴阳面立体感，从而更显得富丽华贵。四架梁中心构图为反搭包袱式苏画，从梁底面中心向梁的两侧面上卷，包袱内纹饰题材为各种几何织锦纹，包袱两端藻头上画松木纹。而四架梁的两个端头，相当于箍头的位置，则在木构上雕刻成浅浮雕云纹，然后敷彩。四架梁底面两端的雀替是透雕和高浮雕的各种花卉，随卷棚顶造型的月梁雕刻着各种敷彩的亭榭花卉，四架梁上的两个陀墩为雕刻的卷草图案。前廊后挂檐板上的花板雕刻着万字不到头连环锦纹和各种景致。木构上的彩画以天然矿物质颜料青绿淡雅色为主，木雕的纹饰图案加入了鲜明的红色，整个彩绘形成既有五彩缤纷的风格，又不失清淡素雅的品位，做工非常精细、考究，为徐州地区的彩画精品，是所调查四处彩画中等级最高、技艺制作最精细、年代最早、历史价值最为珍贵的一处但也是毁坏程度最严重的一处。研究所数次调研，除了拍下现存的彩画照片外，并建议此房要按照《中华人民共和国文物保护法》中"保护为主，抢救第一"的原则进行抢修，得到了安徽省宿州市文物管理所和文化局的支持和认可。

　　第三处是徐州市西郊铜山县汉王镇北望村郝家大院彩画。2004 年，徐州正源古建园林研究所配合市建设局调查徐州周边古建筑存量时发现，曾经是渡江战役总前委所在地的郝家大院是清代末期建筑。20 世纪 50 年代后期由地方政府作为粮库使用，60 年代后一直作为村委会和村医院。2006 年被江苏省人民政府公布为省级文物保护单位（图 11-10、图 11-11）。

图 11-10　徐州铜山区汉王镇渡江战役总前委驻地（清末建筑郝家大院）插拱彩画

图 11-11　徐州铜山区汉王镇渡江战役总前委驻地（清末建筑郝家大院）客厅梁架彩画　2010 年摄

　　郝家大院整个院落建筑都是石砌墙体、砖封檐，木结构的檩条和梁架、布瓦顶，很有鲜明的地方特色。其中有一座建筑木构上还保留地方做法的正搭包袱苏式彩画。包袱心内主要绘制锦纹，锦纹中间加入了各种造型的几何形框，内绘山水人物画，北方官式彩画称为"聚锦"。藻头两端绘制松木纹，"松木纹"最早在《营造法式》中就有著述，称为"松纹"。到了清代，称为"云秋木彩画"（见清工部《工程做法》）。目前为了保护彩画，表面罩了一层光油。从彩画的时代特征看，应为清末民初彩画。

　　第四处是崔焘故居上院彩画（图11-12、图11-13），此彩画发现于2000年。徐州正源古建研究所的勘察人员在勘察崔焘故居时，看到西大厅大部分雕花板和梁雀等木雕已被盗窃，当时为了保护遗存的雕花板和梁雀不被盗，想取下来先保管好，此建议得到了主管部门的同意，在准备起下仅存的几块木雕花板做留存时，发现了大漆、彩画的残存，特别是大梁下部木雕上涂刷的金色和大红的底色，当即拍照留存。

　　2006年，在编制《崔焘故居上院环境整治与保护维修方案》时，把发现彩画的情况写进了方案。2007年，我国著名古建专家马炳坚来崔家上院考察时，又发现西大厅前廊月梁上有彩画遗存。西大厅前廊以及厅内梁架木构上的老彩画痕迹，与其他三处彩画一样都是地方做法的包袱式苏画，中间包袱内绘制各种几何造型的织锦纹，尤其是雀替、驼峰、梁头的雕刻纹饰造型构件上，还清晰可见大红的底色和贴金的纹饰，比前三处的彩画等级高。根据建筑使用年代及彩画特征，应为清道光年间彩画。

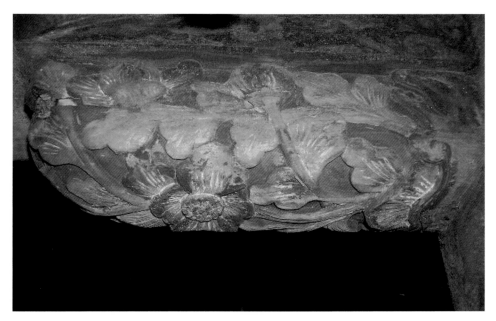

图11-12　建于清道光年间徐州户部山崔焘故居上院大梁下雀替残存彩画

图 11-13　崔焘故居上院大客厅前廊坐木大漆与彩画的遗存　2005 年摄

2006 年 11 月，徐州正源古建园林研究所在承担的崔焘故居上院修缮工程项目中，古建筑彩画保护是其中的一项重要内容。于 2007 年 9 月，经甲乙双方协商形成"崔焘故居上院维修工程木材油饰彩绘施工补充协议"。在前期考察专家论证后对崔焘故居上院西大厅大梁和其前廊的彩画进行复原方案设计，这是一次继承和发掘徐州地区彩画纹饰、技艺，大胆探索本地区古建筑彩画的装饰艺术的工作，虽然还有对原有彩画纹饰颜色认识不足的缺陷，但迈出了实质性的一步，是一次承前启后的传统技艺保护复原活动。

为了做好崔家大院修缮工程中的彩画重绘，也为了更好地扩展我们对徐州地区古建筑彩画的价值和特征的认识，我们于 2010 年组织了一次考察和研讨相结合的非常专业的徐州彩画的研讨会。

2010 年 12 月 3~4 日，"徐州及周边地区传统建筑彩画发掘传承研讨会"在徐州召开。本次会议由徐州市土建学会古建园林专委会、徐州正源古建园林研究所主办，特邀故宫博物院著名彩画大师王仲杰，北京市古代建筑设计研究所著名彩画专家蒋广全，北京市古代建筑设计研究所所长、著名古建筑专家马炳坚，故宫博物院彩画专家杨红等专家参加会议。会议以《中华人民共和国文物保护法》和《曲阜宣言》为指南，以发掘传承徐州及周边地区的建筑彩画艺术，寻觅其源流分类和形式特点为相关专题，进行了广泛交流和深入研讨，并达成共识（图 11-14、图 11-15）。

图 11-14　著名彩画大师王仲杰、蒋广全、杨红和古建专家马炳坚等几十人考察徐州传统建筑彩画源流

图 11-15　著名彩画大师王仲杰、蒋广全、杨红和古建专家马炳坚等几十人考察徐州传统建筑彩画源流

本次会议延续了先实地考察，后开会研讨的模式，先后对徐州汉王镇北望郝家大院、安徽宿州市林庄探花府、邳州市土山关帝庙、徐州户部山崔家大院等四处，进行了实地考察。期间，代表们现场提问，专家们现场解答，互动效果良好，大家收获颇丰。

徐州市土建学会古建园林专委会主任委员、徐州正源古建园林研究所所长孙统义向与会专家和代表做了汇报发言，题目是《徐州及周边地区传统建筑彩画发掘传承调查情况介绍》。

会后，故宫博物院彩画专家杨红以《徐州、邳州、宿州四处彩画调查记》为题对这次会议做了全面深入地总结，根据该调查记和研讨会上几位专家对徐州地区彩画状况的分析意见，我们绘制了崔家大院梁架彩绘的原状复原图，并通过这一彩绘的施工，完成了对崔家大院梁架木构的保护和徐州彩绘真实信息的展示。

根据大梁上寻找到的蛛丝马迹和专家论证意见，复原的崔焘故居上院大客厅大梁彩画复原设计见图11-16、图11-17：

月梁头：绘天大青色，轮廓线行白粉。凹处朱红油地，朱红色灵芝纹，卷草青色，中间茎沥粉贴金箔，叶绿色。

脊瓜柱：十字编织锦纹，烟琢墨挱退，上下绘回纹箍头。

三架梁：中间绘反搭包袱，内绘锦纹，烟琢墨挱退做法。包袱边黑线，三绿色底，内绘白花。海棠盒青、紫色相间。金线、花心浅黄色。找头：绘

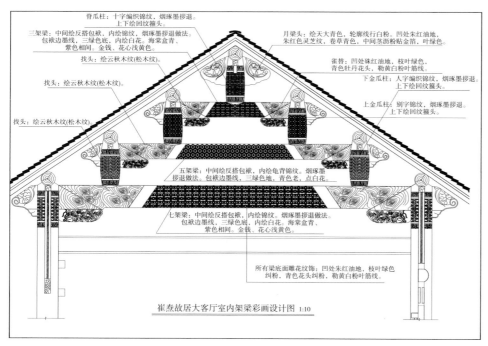

崔焘故居大客厅室内架梁彩画设计图 1:10

图11-16 复原的崔焘故居上院大客厅大梁彩画复原设计图

图 11-17 复原后的崔焘故居上院大客厅大梁彩画 2010 年摄

云秋木纹（松木纹）。

雀替：凹处朱红油地，枝叶绿色，青色牡丹花头，勒黄白粉叶筋线。

上金瓜柱：别字锦纹，烟琢墨捈退。上下绘回纹箍头。

五架梁：中间绘反搭包袱，内绘龟背锦纹。烟琢墨捈退做法。包袱边墨线，三绿色底，青色老，点白花。找头：绘云秋木纹（松木纹）。

下金瓜柱：人字编织锦纹，烟琢墨捈退。上下绘回纹箍头。

七架梁：中间绘反搭包袱，内绘锦纹，烟琢墨捈退做法。包袱边墨线，三绿色底，内绘白花，海棠盒青、紫色相间。金线、花心浅黄色。找头：绘云秋木纹（松木纹）。

所有梁底雕花纹饰：凹处朱红油地，枝叶绿色纠粉，青色花头纠粉，勒黄白粉叶筋线。

大客厅前廊月梁彩画复原设计（图 11-18、图 11-19）：

月梁大边：绘天大青色，行白粉，内朱红油地，芭蕉树绿色，松树杆朱红色，松针绿色。云朵、亭子顶青色，蝙蝠黑色，鸟白色。

月梁头：绘天大青色，轮廓线行白粉。凹处朱红油地，青色牡丹花头，卷草青色，中间茎沥粉贴金箔，叶绿色。

斗拱：金边，大斗、小斗浅粉色底，绘天大青色花卉，拱青色，轮廓线行白粉。

替木：凹处朱红油地，枝叶绿色，青色牡丹花头，勒黄白粉叶筋线。

驼峰：凹处朱红油地，枝叶绿色，青色牡丹花头，勒黄白粉叶筋线。

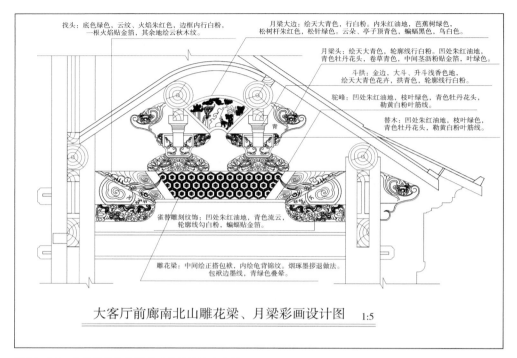

找头：底色绿色，云纹、火焰朱红色，边框内行白粉，一根火焰贴金箔，其余地绘云秋木纹。

月梁大边：绘天大青色，行白粉。内朱红油地，芭蕉树绿色，松树杆朱红色，松针绿色。云朵、亭子顶青色，蝙蝠黑色，鸟白色。

月梁头：绘天大青色，轮廓线行白粉。凹处朱红油地，青色牡丹花头，卷草青色，中间茎沥粉贴金箔，叶绿色。

斗拱：金边、大斗、升斗浅香色地，绘天大青色花卉，拱青色，轮廓线行白粉。

驼峰：凹处朱红油地，枝叶绿色，青色牡丹花头，勒黄白粉叶筋线。

替木：凹处朱红油地，枝叶绿色，青色牡丹花头，勒黄白粉叶筋线。

雀替雕刻纹饰：凹处朱红油地，青色流云，轮廓线勾白粉，蝙蝠贴金箔。

雕花梁：中间绘正搭包袱，内绘龟背锦纹。烟琢墨挼退做法。包袱边墨线，青绿色叠晕。

大客厅前廊南北山雕花梁、月梁彩画设计图　1:5

图11-18　大客厅前廊月梁彩画复原设计示意图

图11-19　复员后的大客厅前廊月梁彩画　2010年摄

雕花梁：中间绘反搭包袱，内绘锦纹，烟琢墨拽退做法。包袱边墨线，三绿色地，内绘白花，海棠盒青、紫色相间。金线、花心浅黄色。

找头：底色绿色，云纹、火焰朱红色，边框内行白粉，长火焰贴金箔，其余地绘云秋纹（松木纹）。

雀替雕刻纹饰：凹处朱红油地，青色花头，绿色叶茎，花托青色，线贴金箔。

大客厅前廊明间南北山雕花梁、月梁彩画复原设计：

月梁大边：绘天大青色，行白粉，内朱红油地，芭蕉树绿色，松树杆朱红色，松针绿色。云朵、亭子顶青色，蝙蝠黑色，鸟白色。

月梁头：绘天大青色，轮廓线行白粉。凹处朱红油地，青色牡丹花头，卷草青色，中间茎沥粉贴金箔，叶绿色。

斗拱：金边，大斗、升斗浅香色地，绘天大青色花卉，拱青色，轮廓线行白粉。

替木：凹处朱红油地，枝叶绿色，青色牡丹花头，勒黄白粉叶筋线。

驼峰：凹处朱红油地，枝叶绿色，青色牡丹花头，勒黄白粉叶筋线。

雕花梁：中间绘正搭包袱，内绘龟背锦纹。烟琢墨拽退做法。包袱边墨线，青绿色叠晕。

雀替雕刻纹饰：凹处朱红油地，青色流云，轮廓线勾白粉，蝙蝠贴金箔。

腰廊月梁彩画复原设计（图11-20、图11-21）：

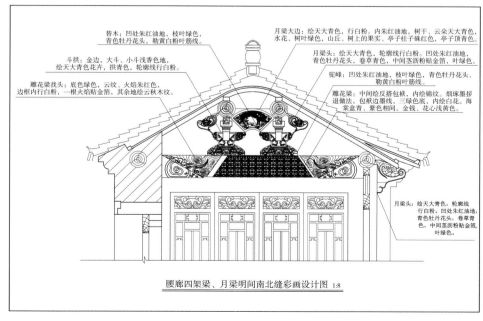

腰廊四架梁、月梁明间南北缝彩画设计图 1:8

图 11-20 崔家上院腰廊月梁彩画复原设计

图 11-21　复原后的崔家上院腰廊月梁彩画　2010 年摄

　　月梁大边，绘天大青色，行白粉。内朱红油地，树干、云朵天大青色，水花，树叶绿色，山岳、树上的果实、亭子柱子朱红色，亭子顶青色。

　　月梁头：绘天大青色，轮廓线行白粉。凹处朱红油地，青色牡丹花头，卷草青色，中间茎沥粉贴金箔，叶绿色。

　　斗拱：金边，大斗、小斗浅香色地，绘天大青色花卉，拱青色，轮廓线行白粉。

　　替木：凹处朱红油地，枝叶绿色，青色牡丹花头，勒黄白粉叶筋线。

　　驼峰：凹处朱红油地，枝叶绿色，青色牡丹花头，勒黄白粉叶筋线。

　　雕花梁：中间绘反搭包袱，内绘锦纹，烟琢墨拶退做法。包袱边墨线，三绿色底，内绘白花，海棠盒青、紫色相间。金线、花心浅黄色。

　　找头：底色绿色，云纹、火焰朱红色，边框内行白粉，一根火焰贴金箔，其余地绘云秋木纹（松木纹）。

　　腰廊明间下架大木，装修油饰彩画复原设计：

　　柱、槛框：黑红净做法。刷黑色油饰，框线朱红色。

　　大门：黑红净做法，槛框、门扇刷黑色油饰，框线朱红色。

　　花板：青色大边，绿色叶子，朱红色花头，黄色花心，纠粉。

　　大花芽子：大边刷黑色油饰，所有动物纹饰贴金箔，叶子、枝蔓绿色纠粉，葡萄紫色纠粉，牡丹花朱红色纠粉。

腰廊次间下架大木装修油饰彩画复原设计：

隔扇桵条：刷绿色油饰。

装修：黑红净做法。柱、槛框刷黑色油饰，框线、隔扇裙板，绦环板刷朱红色，绦环板、裙板雕刻纹饰贴金箔。

一个研讨会，多次实地考察，历经一年之久，徐州地区油饰彩画的源流和形式被重新激活并获得了传承。其特有的搭包袱内绘制各种几何造型的织锦纹，绘松木纹的找头，雀替、驼峰、梁头雕刻纹饰造型构件涂底色和贴金的纹饰，黑红净做法的装饰等，表现出它的地域性审美价值和审美取向。

在这次专家研讨会和崔家大院彩绘重饰的基础上，徐州正源古建园林研究所对徐州地区其他一些传统建筑进行了修缮，在新制的梁架上将总结出的徐州彩绘技艺用了上去（图11-22~图11-25）。

图11-22　丰县程子书院大成殿室内彩绘局部（一）

图11-23　丰县程子书院大成殿室内彩绘局部（二）

图11-24　丰县程子书院大成殿东南翼角插拱和油漆彩绘　2016年摄

图 11-25　程子书院"仰圣门"东次间檐口彩绘

图 11-26　发现的建于明代的徐州拾家大院檐口下木雕彩画　2010 年摄

　　此后，在某些徐州传统建筑的遗存构件上又有过新的发现，例如拾家大院檐口下的木雕彩画（图 11-26），是万字纹的组合彩画，扩充了对徐州传统彩画的认识，相信随着各界人士对传统彩画遗产的重视，还会有更多的发现。

12　车村帮传统窑作技艺

12.1　脊饰与瓦件

　　花板脊、勾檐、滴水、山花山云、插花云燕、插花兽等制品，是徐州古民居传统营造技艺制品中的一些典型代表，它是数百年来车村帮营造技艺与徐州人文不断融合积累。

　　徐州地区不同图案的花板脊块（图12-1～图12-22）：

图12-1　花板脊块－手工捏制－牡丹花开

图12-2　花板脊块－手工捏制－荷花盛开1

图12-3　花板脊块－手工捏制－滚龙脊龙头

图12-4　花板脊块－翻模加手工－荷花盛开2

图12-5　花板脊块－手工捏制－牡丹图

图12-6　花板花窗－翻模制作－金鱼戏荷花

图12-7 花板脊块-翻模制作-秋菊开放

图12-8 花板脊块-翻模制作-牡丹花

图12-9 花板脊块-翻模制作-缠枝牡丹

图12-10 花板脊块-翻模制作-缠枝牡丹

图12-11 花板脊块-翻模制作-牡丹绽放

图12-12 花板脊块-翻模加手工-丹凤朝阳

图12-13 花板脊块-翻模制作-牡丹图

图12-14 花板脊块-翻模制作-牡丹图

图 12-15　花板脊块－大卷草

图 12-16　花板脊块－翻模制作－小卷草

图 12-17　花板砖

图 12-18　花板砖

图 12-19　花板砖

图 12-20　花板砖

图 12-21　花板砖

图 12-22　四套不同图案的勾檐、滴水、迎风

　　插花云燕的吉祥图案由瑞兽飞燕、兰草、流云、日月星、福寿字灵动的和谐空间组成，构成天在上、地在下、人居中的祥和人居图。这些吉祥图案在徐州地区及周边地区的河南、安徽、山东地区流行。通过这些地区的民间文化对图案的影响，图案出现很多版本造型，如有张嘴兽、闭嘴兽两类，大雁、燕子的变化，但不变的是人们对美好生活的期盼和追求。

　　"插花云燕"的营造技艺，早在清初就在徐州地区流行，孙家和拾家的两家大院、崔焘故居、李蟠状元府等屋脊上都有"插花云燕"脊饰造型，这证明至少在明清时期"插花云燕"已在徐州民居上应用。传承至孙统义手里又得到了改进与创新。（图12-23~图12-26）

图12-23　徐州市户部山权谨牌坊"插花云燕""麒麟送福禄"屋顶　2017年摄

图12-24　徐州铜山县柳新文化中心大门"插花云燕"　1982年摄

图12-25　徐州市鼓楼区李沃村周楠旧居正房"插花云燕"　1993年摄

图 12-26　徐州市沛县赵楼镇卜老家村卜子祠"插花云燕"　2018 年摄

12.2　脊饰制作

徐州的脊兽是表现徐州古民居文化内涵的重要技艺，脊兽制作称为"捏脊兽"，有的是直接用手塑造，有的则使用模具翻出来，然后再用手工整修，其产品造型随意性较大，脊兽制作完成后阴干，放窑内和砖瓦同窑烧制（图 12-27~图 12-30）。

烧制砖瓦脊兽的土窑俗称马蹄窑、敞口窑等，因为窑的形状很像马蹄而得名。窑的大小可随意而定，有一窑出三万青砖的，也有一窑出一万多青砖的，大小不等。历史上的土窑烧火材料以庄稼秸秆或树枝等木材为主，因为材草的火势比较柔，所烧出的材料质量很好。煤炭的火势则比较猛烈而不好掌握，砖瓦坯胎容易爆裂。窑内的温度是不均匀的，中间部分温度最高，到了周边贴近窑皮的地方温度相对较低，中间部分温度达到要求时，周边的温度有时达不到要求，很难兼顾。有经验的窑工通过实践摸清了烧火的规律，把整个窑内划分几个区域，窑中间部分为蓝火区，窑四周为边圈区，窑下部为腿子区和窑上部蒙顶区。蓝火区温度最高，其他几个区温度较低。窑工们在装窑时就把耐高温的坯胎放在蓝火区，把无关紧要的构件放在边圈区，比如把脊兽小瓦等装在蓝火区和边圈区之间，耐压砖坯放在下部的腿子区和上部蒙顶

图 12-27 和泥过程达到标准很重要

图 12-28 指导脊兽捏制的技艺要点

图 12-29 捏制好的脊兽要阴干后才能进窑烧制 2020 年摄

图 12-30 向弟子传授脊兽造型的神韵

区（图12-31~图12-36）。

　　一窑砖的烧制时间大约小窑2~3天，最关键的时刻是最后的1~2天，前几天由学员或其他人员烧火，后1~2天则要老师亲自掌握，一般炉口上面都留一个观火洞，从外面可以看到窑内的火候情况，黏土砖瓦脊兽等构件火候低一些，800℃~900℃就可以了，如果是陶土制坯，火候要达到

图12-31　装窑打腿子

图12-32　窑内各种坯子构件的
分布情况

图 12-33 烧窑

图 12-34 蒙顶踩实

图 12-35 阴水封闭

图 12-36 出窑

1 000℃~1 200℃。坯胎烧熟后撤去炉火自然冷却，砖瓦等构件都是浅红色的。如果要青色的砖瓦脊兽构件还要增加两道工序：一是要在坯胎烧熟后进行撺烟，就是把一些材草或煤炭较大量的填入炉膛，产生浓烟用黑色的烟雾来改变红砖的颜色，撺烟达到要求后，把炉门用砖和泥封死；二是蒙顶阴水，就是窑上铺上 2~3 层砖，盖上一层约 20 cm 厚的土，周围要做好围堰，然后将水倒入围堰上叫阴窑，起到封闭空气的作用，约三天后就可以了，然后打开蒙顶降低窑内温度，最后出窑，把烧好的各种构件分类摆放备用。

由于社会的进步，居住观念的改变，黏土类砖瓦构件用量较少，除了文物修复和一些仿古建筑使用外，其他建筑都用新型建筑材料。有关单位为了延续这项技艺，满足古建筑修复和仿古园林传统建筑的需要，特意保留了一些这样的厂家继续生产，来保护这项非物质文化遗产技艺。

13 匾额与楹联

13.1 楹联制作

13.1.1 对联

选一块符合建筑物尺度要求、大小相衬，最好阴干的时间在一年以上的木板，刨平，制作时为防止变形在后面要做 3~4 个穿簧，然后在正面排版或直接书写楹联字句（图 13-1）。不论是对联、抱对和字匾都是三种刻法：

（1）阴刻是把要刻的字下挖形成深浅、宽窄、飞白等书法特征。这种刻法较难。

（2）阳刻是把字突出在平板上，并根据字笔画的大小留出宽窄、深浅，和阴刻一样保留书法韵味，然后精心打磨上色。

（3）阴包阳刻是把字写在或过印到木板以后，用刻刀在字字的周边切下一定的深度，字的最高处和平板一样高，然后用刻刀从字的周围向字的笔画中间刻去棱角，然后打磨。

13.1.2 抱对

在徐州地区前廊的柱子称为抱柱，那么挂在抱柱上的楹联就被称为抱对了。因为抱柱是圆的，抱对也只有按照抱柱的弧度来确定抱对的弧度了。其做法是先把约 3.5 cm 的木板锯成两面不同宽度的小木枋，然后用胶和铁钉按尺度穿在一起，等胶干后，用刨子刨光正面，然后打磨。抱对只是底板做法和平板不同，其刻字技艺和平板对联一样有阴刻、阳刻、阴包阳刻三种做法。大漆"一麻五灰"油饰。

13.1.3 描字

根据对字的颜色要求配制材料，描字人员最好要有一定的书法功底。

13.2 匾额的种类和制作安装

徐州传统建筑很多房屋和亭台楼阁上都根据其功能配上雕刻精致的匾额和楹联，如崔家大院后花园的"馨悦轩"，刘家大院的"平临阁"，翟家大院后花园乾隆皇帝御书的"伴云亭"，余家大院的"馨月山房""修竹山房"，李蟠状元府年羹尧题写的"銮坡独步"，金瓶梅评点家张竹坡的"皋鹤堂"，画家李兰的"七峰三楼"等等。当时户部山古民居悬挂匾额风靡一时，从这些诗情画意的名字里可领略到户部山古民居文化氛围，这些匾额成了户部山古民居的点睛之笔（图 13-2~图 13-18）。

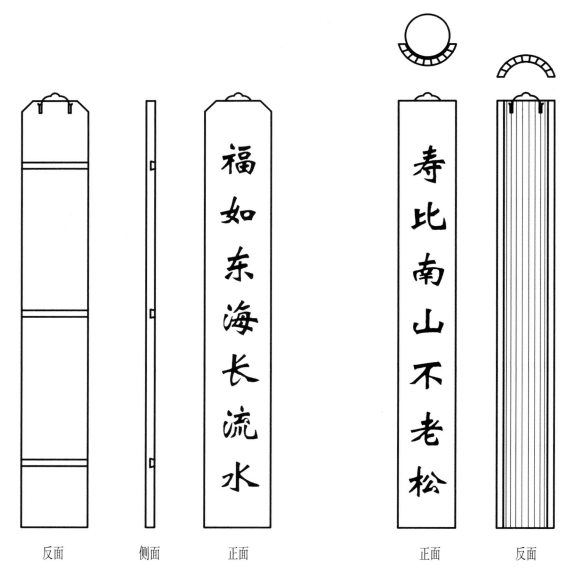

| 反面 | 侧面 | 正面 | 正面 | 反面 |

图 13-1　楹联示意图

图 13-2　汉文化景区刘氏宗祠匾额与楹联

图 13-3　户部山余家大院匾额

图 13-4　户部山翟家大院伴云亭匾额

图 13-5　户部山崔焘故居功名
楼匾额

图 13-6　匾额

图 13-7　匾额

图 13-8　匾额与楹联

图 13-9　匾额

图 13-10　匾额

图 13-11　丰县梁寨镇状元
碑园门楼上的一处匾额

图 13-12　丰县梁寨镇状元
碑亭的匾额与楹联

图 13-13　徐州文庙楹联

图 13-14　徐州云龙湖东岸金山苏公塔匾额

图 13-15 徐州淮海文博园内食品城彭祖楼匾额

图 13-16 户部山崔焘故居上院谢恩坊匾额

图 13-17 江苏双沟酒厂内北门内侧匾额与楹联

图 13-18 窑湾古镇内典当行匾额与楹联

14 非遗技艺修缮保护的崔焘故居下院（一标段）的12个案例

14.1 照壁

14.1.1 照壁简介

崔焘故居下院功名楼一巷之隔是一座八字形的过路照壁，在大门外形成一个与街巷既连通又有限隔的过渡空间。

这座八字形照壁一高两低，其中间一字墙墙厚 0.65 m，高 4.35 m（是面宽的 40%）。下部壁座采用青砖加工垒砌须弥座形式，须弥座分三个部分，束腰以上、束腰、束腰以下，束腰部分的小立柱为砖雕竹节；"照壁堂子"四周起线做出砖活边框，中间斜向镶砌 0.4 m 砖细方砖，中心是宝瓶图案，四角雕小蝙蝠。七层龙口檐，硬山顶，合瓦屋面大镶垄，披水笆砖。正脊两端安双嘴卷尾正兽，向内为吻，向外为闭嘴兽，造型奇特。正脊为大花板脊（正面荷花水波，背面牡丹花开），凸显其等级高贵，庄严气派。

一字墙的左右两侧八字墙墙厚 0.46 m，以 135° 内侧角向两翼展出，垂直长 2 m，高 3.69 m（是面宽的 35%），下部须弥座同一字墙做法。"堂子"斜向镶砌 0.3 m 砖细方砖，上部也为硬山顶批水做法。合瓦屋面大镶垄，檐口为三层鸡嗉檐，正脊为小花板脊（双面绸带花图案），两端安卷尾兽嘴向外，气势明显低于中间一字壁。

根据发掘的基础残存，按照车村帮传统营造技艺规律形制和现场考察结合，还原了它的历史真面目，再现了这座地方特色技艺的八字照壁。得到一些亲眼见过当年这座照壁的知情人的认可。

14.1.2 照壁勘察设计复原修缮保护

照壁勘察设计复原一览见表 14-1 所示，照壁设计复原见图 14-1~图 14-3 所示，照壁复原后照片见图 14-3~图 14-6 所示。

表 14-1　照壁勘察设计复原一览表

建筑名称	部位	名称	勘察设计复原
照壁	基础	块石	在0.45 m以下挖出原有基础
	面宽	一字墙和两侧八字墙	通面宽10.61 m
	石墙	料石	规格多为0.5 m×0.2 m×0.2 m料石，3：7掺灰泥浆砌筑2皮，墙高30 cm，墙宽70 cm，每隔1~2块顺石加一顶石，石料外立面两遍剁斧，内用毛石衬里。白灰加小麻刀（3 cm）抹小皮条缝（白灰：小麻刀：草木灰=100：3：3）
	须弥座	青砖加工	高0.86 m，约为墙身高的20%
	砖墙	双面清水墙	26 cm×12.5 cm×5.8 cm青砖砌筑，耕缝砌墙灰浆（石灰：草木灰=100：3），衬里为碎砖石整齐摆放，泥浆砌筑
	封檐封山披水	一字墙	七层托盘垄口檐，砌筑灰浆（石灰：草木灰=100：2），压里为掺灰泥分皮满浆挤压，（石灰：过筛土=3：7）和制，小山子同封檐
		八字墙	五层托盘垄口檐，砌筑灰浆（石灰：草木灰=100：2），压里为掺灰泥分皮满浆挤压，（石灰：过筛土=3：7）和制，小山子同封檐
		披水	披水大麻刀灰抹制［石灰：大麻刀（5 cm）：草木灰=100：3：2］，适量润水后压实5~7遍
	屋顶	合瓦屋面、屋脊、脊兽	上瓦180 mm×130 mm×15 mm，陶土底瓦180 mm×190 mm×15 mm，坐瓦泥（石灰：过筛土=3：7），屋面边垄大镶垄，其余小镶垄，包口灰为小麻刀灰［石灰：小麻刀（3 cm）：草木灰=100：3：1］； 一字墙为大花板脊（正面荷花水波，背面牡丹花开），双嘴卷尾兽（内吻外闭嘴）； 八字墙为小花板脊（双面绸带花图），张嘴卷尾兽（头向外）

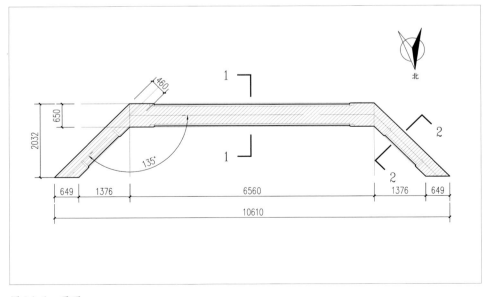

图 14-1　平面

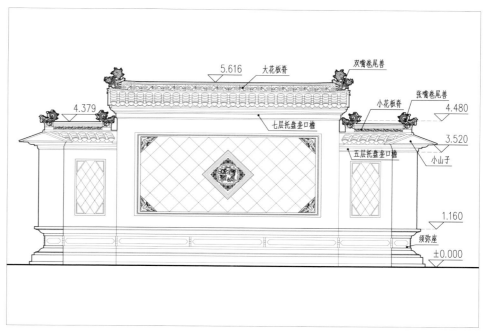

图 14-2　正面

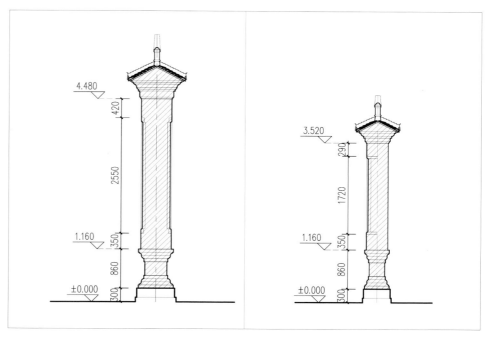

图 14-3　剖面

图 14-4　下院过路照壁中间一字壁正脊兽与正脊等局部

图 14-5　一字壁和八字壁脊兽空间安排

图 14-6　照壁下部石基础和须弥座局部

14.2　功名楼

14.2.1　功名楼简介

功名楼（门楼过邸），面阔三间，上下两层硬山顶。一层明间前后有门，二层中间南北各有一望窗，正面望窗镶有四扇花棂窗可开可合，美观且有瞭望功能，后窗较小，主要起到楼上通风、采光的作用。下层明次间用花棂隔扇隔开。内楼梯设在西次间西南角。明间上层南侧望窗安有插拱承托出檐作为窗罩，窗罩两侧和后墙封大五层坡口檐，封山斗砖博风下镶有山花山云，毛头排山。屋顶为合瓦屋面、花板大脊、五脊六兽、插花云燕。

墙体下部为四皮石墙，每隔 1~2 块顺石加一顶头石，石墙上砌七顺一丁双面清水砖墙，梁下有墙内柱并在墙内柱的上、中、下三处使用虎头钉打进墙内柱，包砌在墙体内。在梁下、墙体转角等重要部位使用印子石。印子石为徐州当地的石料加工而成，使墙体得到加固，其规格约两皮砖厚与墙体同宽，其安装摆放上下错落，颜色或淡白或淡黄，丰富了砖墙单一的灰色色调，同时也增加了房屋整体的观赏性和韵味。

车村帮传统营造技艺体现的传统文化等级观念是一项必修课题。私宅的大门根据主人地位的不同，在大门高低、规模、装饰等方面都有一定的讲究，主人社会地位的高低在大门上可以一目了然。崔家下院门楼过邸中间为正门，大门外两侧东为左掖门，西为右掖门。门前有两根高达 16 m 的旗杆，门对面有八字照壁，门上方悬有"翰林"两字牌匾，可见其规格之高。

"不改变文物原状"和非遗技艺活化传承本为一体，在对功名楼修缮保护勘察设计实测时发现，其高度高出主房翰林楼，这是不可能的。经文物部门有关领导同意批准，决定拆除屋顶，下降墙口找出墙内柱的原有高度。结果下拆了 6 皮砖后，发现了原墙内柱上的榫头，还原了功名楼的原来高度。

14.2.2　功名楼勘察设计复原修缮保护

功名楼勘察设计复原一览见表 14-2 所示，功名楼设计复原见图 14-7~图 14-15 所示，功名楼复原后照片见图 14-16~图 14-19 所示。

表 14-2　功名楼勘察设计复原一览表

建筑名称	部位	名称	勘察设计复原
功名楼	基础	块石	未见异常，保存较好
	面宽、进深、檐高	复原设计	通面宽10.36 m，进深5.5 m，通面宽是进深的1.88倍； 明间面宽3.47 m，两次间面宽2.89 m。明间是次间的1.2倍； 檐高（两层）6.27 m
	石墙	墙缝脱落	原工艺、原材料重新做缝。白灰加小麻刀（3 cm）耕小皮条缝（白灰：小麻刀：草木灰=100：3：3）
	踏步	青石制作	南门踏步和阶沿石共3步，长1.8 m，平均每步宽45 cm，高15 cm； 北门踏步和阶沿石共2步，长1.8 m，踏步宽45 cm，高18 cm
	砖墙	刷有涂料，有空缝和砖块缺失现象	清理修整墙面，补充缺失砖块
	门窗	原有门窗隔扇残缺	对原有南北双扇板门修补复原，南、北门洞规格相同，宽1.69 m，高2.86 m（宽高比例1：1.69）；五穿一压工艺（五根穿槽，一根压栓）；上有门连楹，下有门枕石和闸板；门上安有衔环兽； 花棂隔扇平均每扇宽0.61 m，高2.72 m（宽高比例1：4.45）； 见附图
		原有望窗	修复原有望窗，二层南望窗洞宽1.39 m，洞高至前墙檩条底部（宽高比例1：1.6）；北望窗洞宽1.29 m，高0.91 m（宽高比例1：0.75）； 见附图
	楼梯	原有木楼梯	对原有破损木楼梯修补复原
	原墙内柱	柱高、柱径、收分、抱头（侧脚）	共两层，第一层在石墙以上，木楼板以下，高为3.28 m；第二层在楼板以上至大梁底口，高为2.26 m； 柱径Φ12cm； 自然收分、略有抱头（侧脚）

续表

建筑名称	部位	名称	勘察设计复原
功名楼	屋架	重梁起架	一梁（大头Φ19 cm，小头Φ17 cm），二梁（大头Φ16 cm，小头Φ14 cm），叉手（大头Φ16 cm，小头Φ14 cm），站柱（大头Φ14 cm，小头Φ12 cm），脊柱（大头Φ12 cm，小头10 cm）
	檩条	杉木	大头Φ16 cm，小头Φ14 cm居多
	窗罩结构	插拱	明间屋面长于两次间屋面，沿明间屋面顺坡而下，下用插拱承托；插拱后部插入墙内柱；三出挑上安有挑梁头及厢拱，沿檐口方向安挑檐檩，檐檩两头装博风板
		正身椽、飞椽	出檐长度0.55 m；正身椽出36 cm，飞椽出19 cm；椽径5 cm×7 cm；飞椽头收分1 cm；椽档23 cm，明间椽档居中
		大连檐、小连檐	正身椽分线定好后，退1 cm定小连檐厚3 cm，铺托檐板至檐檩中线；飞椽退1 cm定大连檐厚8 cm，大连檐上铺拖泥板至飞椽尾部
		笆砖铺设	铺设前在椽子上面和插入墙体部分刷桐油两遍；规格225 mm×150 mm×23 mm，润水后刷批灰线，按横平竖直依次铺设；在屋面中部钉一根与笆砖同厚的蹬砖条，以防止笆砖下滑
	封檐	南坡窗罩两侧和北墙	大五层坡口檐
	封山	封山、山花、山云	封山为5层斗砖博风，毛头排山；山花双狮起舞砖塑；山云白色小麻刀灰，抹制在山花周边，上部厚2 cm，过渡至下部厚5 cm，并和山花底部持平
	漫背	护板灰漫大泥（泥背）千年灰	护板灰2 cm厚，白灰∶大麻刀（5 cm）＝100∶5（重量比）；漫大泥3~5 cm厚，亚黏土（过筛）∶白灰∶麦糠＝100∶33:5（重量比）；千年灰∶白灰∶大麻刀（5cm）＝100∶5（重量比）
	屋顶	合瓦屋面、五脊六兽、插花云燕、花板大脊。	上瓦180 mm×130 mm×15 mm，陶土底瓦180 mm×190 mm×15 mm，坐瓦泥（石灰∶过筛土＝3∶7）；小镶垄（石灰∶草木灰＝100∶3）；包口灰为小麻刀灰［石灰∶小麻刀（3 cm）∶草木灰＝100∶3∶1］；在花板正脊两头各安一个正兽，张嘴鱼尾兽，头向外，从兽头中间圆孔插入插花云燕至脊檩以下墙体内约40 cm
	原室内地面	条砖铺地	① 素土夯实；② 3∶7灰土垫层，夯实后厚度20 cm；③ 26 cm×12.5 cm×5.8 cm条砖铺地，白石灰膏挤缝

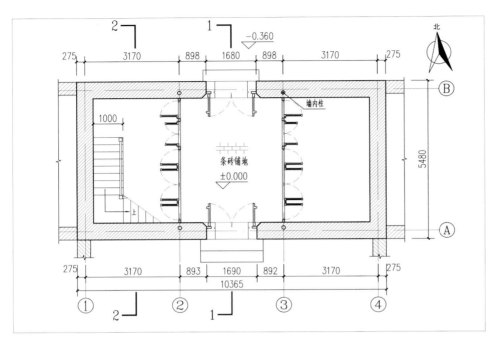

图 14-7　一层平面

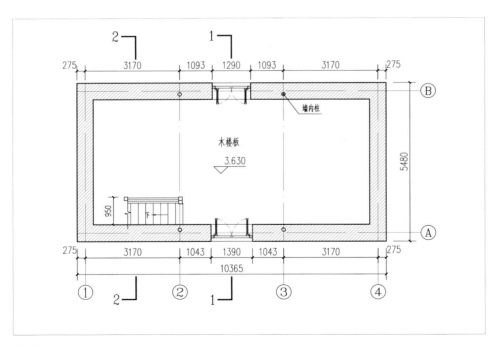

图 14-8　二层平面

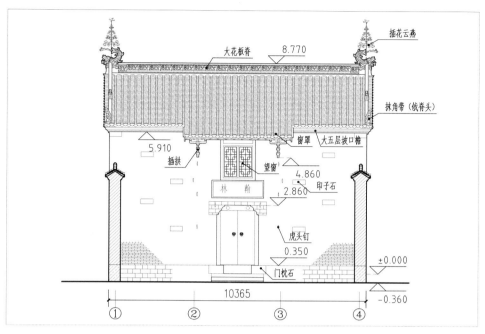

图 14-9　正面

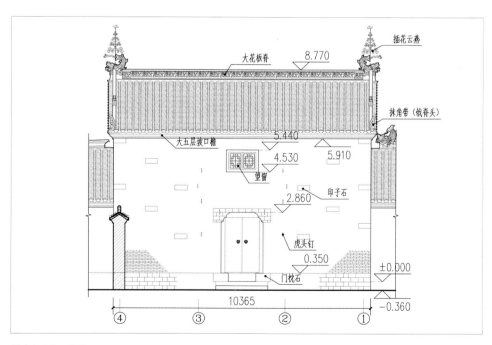

图 14-10　后面

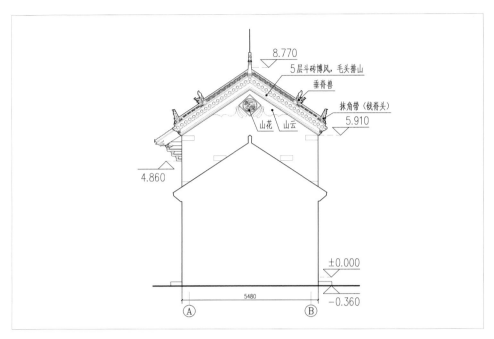

图 14-11　山墙

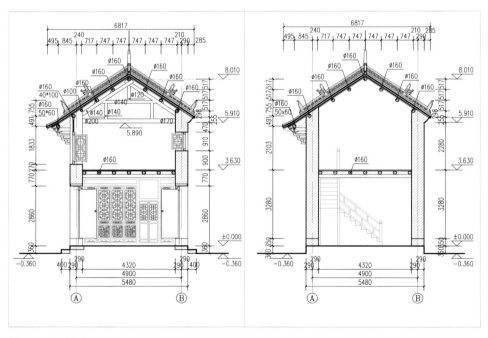

图 14-12　剖面

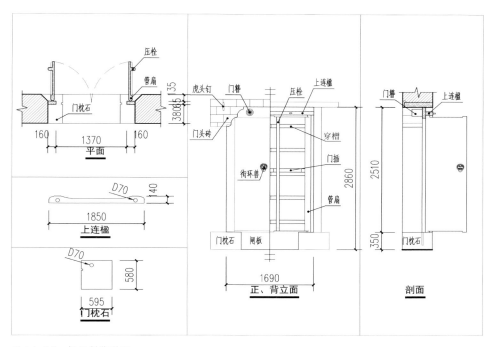

图 14-13　板门制作详图

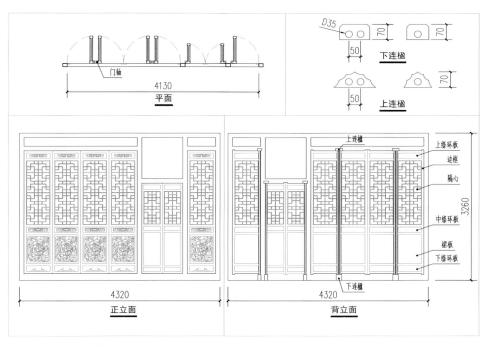

图 14-14　花棂隔扇制作详图

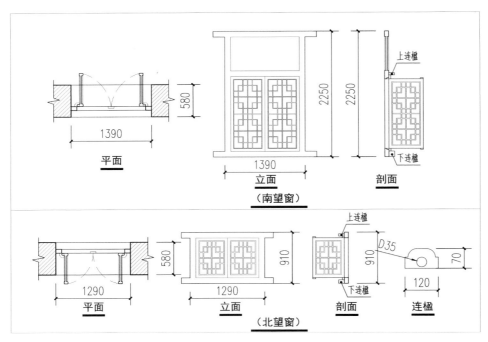

图14-15 花棂门窗制作详图

图14-16 功名楼屋面脊饰五脊六兽、插花云燕所表现的秩序

图 14-17 功名楼正面与左右披门和旗杆的定位

图 14-18 功名楼墙体上的七顺一丁砖墙和分布的虎头钉、印子石

图 14-19　功名楼前屋面延续下来的窗罩下的插拱

14.3　左右掖门

14.3.1　左右掖门简介

有左右掖门的大院徐州地区只此一例。左右掖门分别位于功名楼正门两侧，墙廊结合，看似为出入方便或礼制需要，却还有充满智慧和别有用心的设计，不难看出设左右掖门不光是形制上的需要，更多是安全方面上的考虑。

14.3.2 左右掖门勘察设计复原修缮保护

左掖门勘察设计一览见表 14-3 所示，左右掖门设计复原见图 14-20~图 14-24 所示，左右掖门复原后照片见图 14-25 所示。

表 14-3 左掖门勘察设计复原一览表

建筑名称	部位	名称	勘察设计复原
左右掖门	基础	柱础以下基础	未见异常，保存较好
	面宽 进深 檐高	左掖门复原设计	通面宽6.35 m，进深2.62 m，通面宽是进深的2.42倍； 明间面宽2.3 m，两次间宽1.86 m。明间是次间的1.23倍； 檐高2.57 m，是明间面宽的1.11倍
	石墙	石墙 墙缝脱落	原工艺、原材料重新做缝；白灰加小麻刀（3 cm）抹小皮条缝（白灰：小麻刀：草木灰=100：3：3）
	砖墙	原有砖墙 门上部缺失高度约1 m	恢复至原高度，砌筑灰浆（石灰：草木灰=100：3）；衬里为碎砖石整齐摆放，泥浆砌筑
	左掖门	板门复原	双扇板门，现存门洞宽1.35 m，高2.28 m（宽高比例1：1.69）；五穿一压工艺（五根穿楗，一根压栓）；门上安有门环； 见附图
	檐柱	柱高 柱径 收分 抱头（侧脚）	明间面宽2.3 m，柱高为2.57 m（明间面宽与柱高比例1：1.1）； 柱径Φ16 cm，为柱高的6%； 收分与抱头都为柱高的1%； 柱础石Φ28 cm，高20 cm
	檐下装饰	挂落、花芽子	见附图
	屋架	抬梁与双脊檩	一梁Φ16cm，二梁Φ15 cm（两侧梁头有雕花），站柱Φ15 cm，檩条Φ15 cm；雀替宽28 cm，高7 m
	檐椽结构	正身椽、飞椽	出檐长度0.44 m；正身椽出29 cm，飞椽出16 cm；椽径4 m×6 m；飞椽头收分1 cm；椽档23 cm，明间椽档居中
		大连檐、小连檐	正身椽分线定好后，退1 cm定小连檐厚3 cm，铺托檐板至檐檩中线；飞椽退1 cm定大连檐厚8 cm，大连檐上铺拖泥板至飞椽尾部
	笆砖	笆砖铺设	铺设前在椽子上面和插入墙体部分刷桐油两遍；规格225 mm×150 mm×23 mm，润水后刷批灰线，按横平竖直依次铺设
	漫背	护板灰 漫大泥（泥背）千年灰	护板灰2 cm厚，白灰：大麻刀（5 cm）=100：5（重量比）； 漫大泥，3~5 cm厚，亚黏土（过筛）：白灰：麦糠=100：33：5（重量比）； 千年灰：白灰：大麻刀（5 cm）=100：5（重量比）
	屋顶	筒瓦屋面、屋脊、脊兽	筒瓦宽10 cm，长18 cm，厚1cm；陶土底瓦180 mm×190 mm×15 mm，坐瓦泥（石灰：过筛土=3：7）；镶垄灰（石灰：草木灰=100：2）； 卷棚脊，折腰板瓦，罗锅底瓦，瓦头碰头灰要挤压抹实至少三遍；天沟严格按防水要求施工
	室内地面	条砖铺地	① 素土夯实； ② 3：7灰土垫层，夯实后厚度20 cm； ③ 26 cm×12.5 cm×5.8 cm条砖铺地，白石灰膏挤缝

注：右掖门和左掖门基本相同。

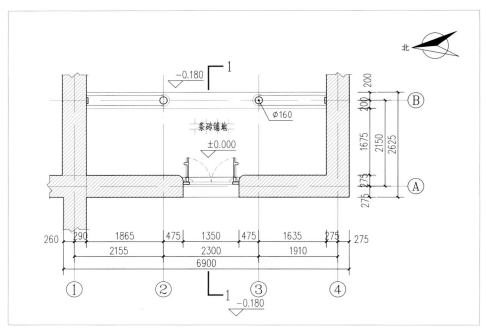

图 14-20 平面图

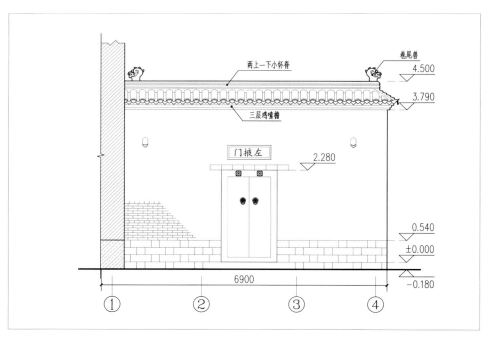

图 14-21 正面图

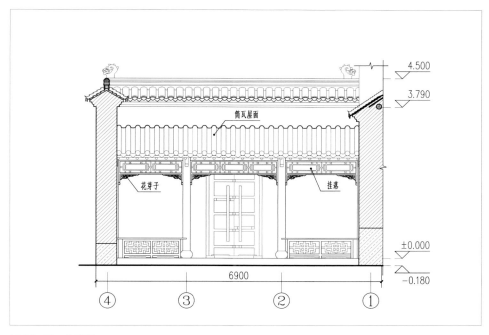

图 14-22　内廊图

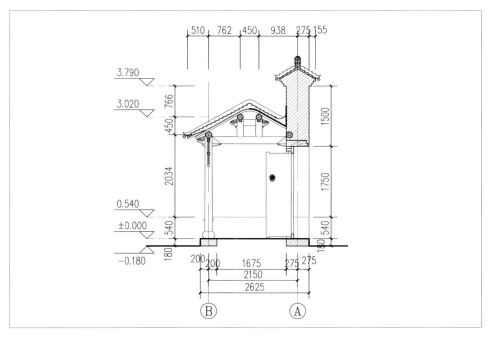

图 14-23　剖面图

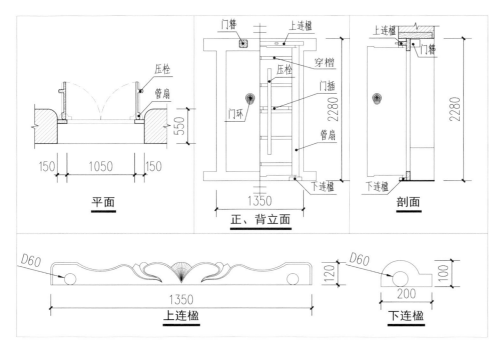

图 14-24 板门制作安装

图 14-25 复原后的左右掖门正面

14.4　东倒座房

14.4.1　东倒座房简介

东倒座房接建于功名楼东山墙，单层，硬山，三间。合瓦屋面，大怀脊，三层坡口檐，七顺一丁清水砖墙。北立面明间设木板门，两次间是九棱二穿直棱窗，南立面的东次间开一木板门，又称便门。可从左掖门进入小东院，经东便门出北面明间正门进入下院。

屋顶已被拆除，墙体尚存。根据门洞规格复原板门，根据残存封檐和墙内柱高度安放梁架，根据功名楼东山墙尚有的檩条插入洞口安排檩条根数。原地坪尚存，破损砖块进行更换。

14.4.2　东倒座房勘察设计复原修缮保护

东倒座房勘察设计一览见表14-4所示，东倒座房设计复原见图14-26~图14-33所示，东倒座房复原照片见图14-34所示。

表14-4　东倒座房勘察设计复原一览表

建筑名称	部位	名称	勘察设计复原
东倒座房	基础	块石	未见异常，保存较好
	面宽 进深 檐高	复原设计	通面宽10.71 m，进深5.48 m，通面宽是进深的1.95倍； 明间面宽3.6 m，两次间面宽3.26 mm；明间是次间的1.1倍； 檐高3.38 m
	原石墙	未见异常	保存较好
	原砖墙	未见异常	保存较好
	踏步	青石制作	南门踏步和阶沿石共3步，长1.2 m，平均每步宽50 cm，高18 cm； 北门踏步和阶沿石共2步，长1.7 m，踏步宽42 cm，高17 cm； 面做正斜錾道（风摆柳）
	门窗	门	双扇板门，北门洞宽1.42 m，高2.57 m（宽高比例1:1.8）； 南门洞宽1.12 m，高2.41 m（宽高比例1：2.15）；五穿一压工艺（五根穿榫，一根压栓）；门上安有门环； 室内隔断单侧为7扇花棂门，平均隔扇宽0.6 m，高2.88 m（宽高比例1：4.8）； 见附图
		窗	北门两侧为9棱2穿直棱窗，窗洞宽1.2 m，高1.46 m（宽高比例1：1.2）； 窗下有窗槛石，与墙同宽，长1.6 m，高19 cm；面做正斜錾道（风摆柳）； 见附图
	原墙 内柱	柱高 柱径 收分 抱头（侧脚）	柱高2.78 m； 柱径Φ12 cm； 自然收分， 略有抱头（侧脚）

续表

建筑名称	部位	名称	勘察设计复原
东倒座房	屋架	重梁起架	一梁（大头Φ20 cm，小头Φ17 cm），二梁（大头Φ14 cm，小头Φ12 cm），叉手（大头Φ16 cm，小头Φ14 cm），站柱（大头Φ16 cm，小头Φ14 cm），脊柱（大头Φ12 cm，小头Φ10 cm），扯梁Φ8 cm（又称燕架）
	檩条	杉木	大头Φ16 cm，小头14 cm居多
	椽子苞砖	正身椽苞砖铺设	椽档23 cm，明间椽档居中； 半圆荷包椽，5 cm×7 cm； 苞砖铺设前在椽子上面和插入墙体部分刷桐油两遍； 苞砖规格225 mm×150 mm×23 mm，润水后刷批灰线，按横平竖直依次铺设；在屋面中部钉一根与苞砖同厚的蹬砖条，以防止苞砖下滑
	封檐	南北墙	小五层坡口檐
	山墙	封山拔水	封山为5层斗砖博风，砌筑灰浆（白灰∶草木灰=100∶2）； 大麻刀灰抹制（石灰∶麻刀∶草木灰=100∶3∶2），适量润水后压实5~7遍
	漫背	护板灰漫大泥（泥背）千年灰	护板灰2 cm厚，白灰∶大麻刀（5 cm）=100∶5（重量比）； 漫大泥，3~5 cm厚，亚黏土（过筛）∶白灰∶麦糠=100∶33∶5（重量比）； 千年灰：白灰∶大麻刀（5 cm）=100∶5（重量比）
	屋顶	合瓦屋面、屋脊	上瓦180 mm×130 mm×15 mm，陶土底瓦180 mm×190 mm×15 mm，坐瓦泥（石灰∶过筛土=3∶7），屋面边垄大镶垄，其余小镶垄，包口灰为小麻刀灰［石灰∶小麻刀（3 cm）∶草木灰=100∶3∶1］； 两上两下大怀脊
	室内地面	条砖铺地	① 素土夯实； ② 3∶7灰土垫层，夯实后厚度20 cm； ③ 26 cm×12.5 cm×5.8 cm条砖铺地，白石灰膏挤缝

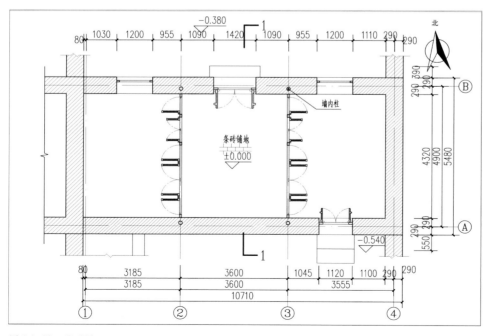

图14-26 平面图

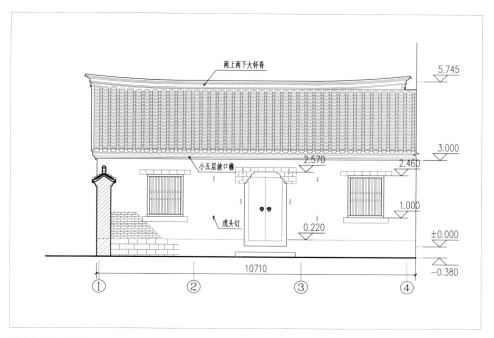

图 14-27　正面

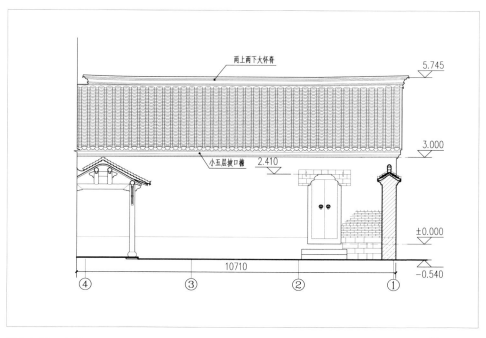

图 14-28　南面

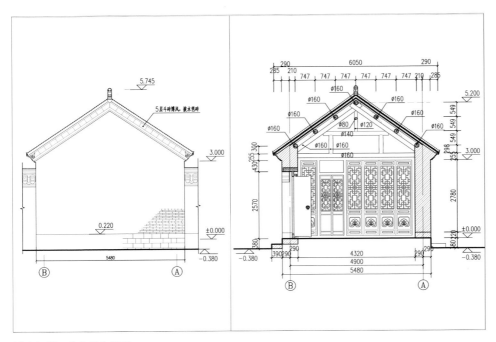

图14-29 东立面和剖面

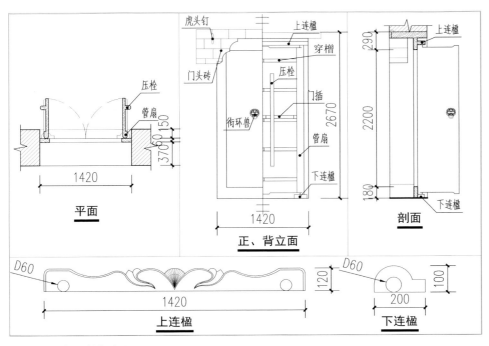

图14-30 板门制作详图

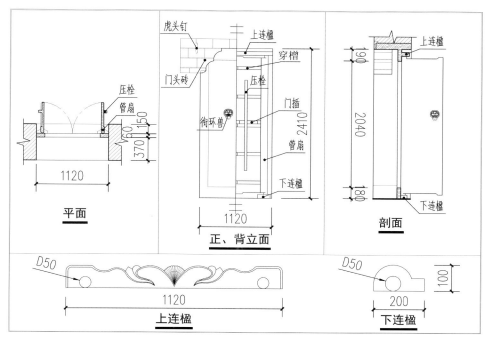

图14-31　板门制作详图

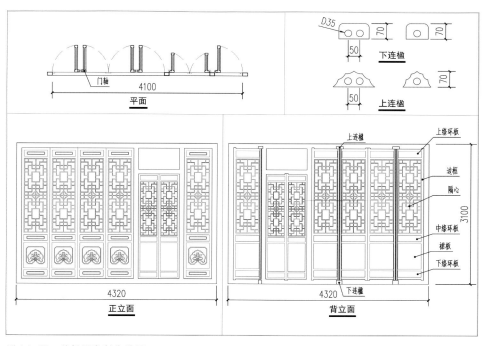

图14-32　花棂隔扇制作详图

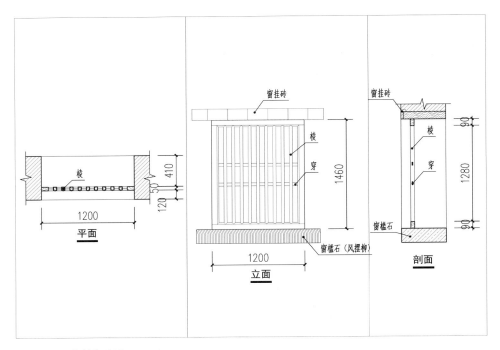

图 14-33 窗制作详图

图 14-34 功名楼东侧倒座房正面大门是在特殊情况下从左披门进入大院的出口

14.5   墨缘阁东院过道房

14.5.1   墨缘阁东院过道房简介

东过道房面阔三间，硬山，合瓦屋面，小五层坡口檐。正脊为大怀脊，两端安鱼尾兽。斗砖封山，上层披水笆砖。边垄瓦大镶垄。七顺一丁清水清砖墙，下端为方整石墙。明间前后安双扇木板门，次间前檐安九棱二穿直棱窗。室内当心间和两边次间以隔板隔开。穿过明间即可达亭子院。西门高于院内地坪 10 步，室内低于亭子院地坪 2 步。过道房不但具有过渡院落与山坡的高差，同时也是不同院落的界线和通道。通过挖掘找到了原有基础和踏步起步的山体石，确定了面宽与进深。

14.5.2   墨缘阁东院过道房勘察设计复原修缮保护

墨缘阁东院过道房勘察设计复原一览见表 14-5 所示，墨缘阁东院过道房设计复原见图 14-35~ 图 14-42，复原照片见图 14-43~ 图 14-45 所示。

表 14-5   墨缘阁东院过道房勘察设计复原一览表

建筑名称	部位	名称	勘察设计复原
墨缘阁东院过道房	基础	东侧	挖至原基础
		西侧	挖出山体岩石上的原基础
	面宽进深檐高	复原设计	通面宽8.92 m，进深3.81 m，通面宽是进深的2.34倍；明间面宽2.83 m，两次间面宽2.39 mm；明间是次间的1.18倍；西侧檐高4.93 m；东侧檐高3.02 m
	石墙	料石	规格多为0.5 m×0.2 m×0.15 m料石，3∶7掺灰泥浆砌筑；西侧10皮，墙高1.89 m；东侧2皮，墙高0.38 m；每隔1~2顺石加一顶石；石料面满天星、雪花錾工艺，内用毛石衬里；大麻刀加草木灰抹小皮条缝（白灰∶麻刀∶黑烟子=100∶3∶3）
	踏步	青石制作	西门踏步和阶沿石共10步，长1.5 m，平均每步宽33 cm，高17 cm；面做正斜錾道（风摆柳）；踏步两侧为砖砌酱台，宽46 cm；镇顶石厚15 cm，面做两遍剁斧；东门踏步为1步
	砖墙	双面清水墙	七顺一丁，26 cm×12.5 cm×5.8 cm青砖砌筑，灰浆（石灰∶草木灰=100∶3）；衬里为碎砖石整齐摆放，泥浆砌筑
	门窗	门	东西门洞同宽1.5 m，高2.47 m（宽高比例1∶1.64）；五穿一压工艺（五根穿槽，一根压栓）；门上安有衔环兽；东门安有门枕石和闸板；室内两侧隔断同为6扇花棂门，隔扇宽0.44 m，高2.71 m（宽高比例1∶6.15）；见附图

建筑名称	部位	名称	勘察设计复原
墨缘阁东院过道房	门窗	窗	西门两侧为11棱2穿直棱窗，窗洞宽1.15 m，高1.21 m（宽高比例1：1.05）； 窗下有窗槛石，与墙同宽，长1.53 m，高16.5 cm；面做正斜錾道（风摆柳）； 见附图
	墙内柱	柱高 柱径 收分 抱头（侧脚）	柱高3.04 m； 柱径Φ12 cm； 自然收分， 略有抱头（侧脚）
	屋架	重梁起架	一梁（大头Φ18 cm，小头Φ16cm），二梁（大头Φ13 cm，小头Φ11 cm），叉手（大头Φ14 cm，小头Φ12 cm），站柱（大头Φ14 cm，小头Φ12 cm），脊柱（大头Φ14 cm，小头Φ12 cm），扯梁Φ8 cm（又称燕架）
	檩条	杉木	大头Φ14 cm，小头12 cm居多
	椽子 笆砖	正身椽 笆砖铺设	椽档21 cm，明间椽档居中； 半圆荷包椽，4 cm×6 cm； 笆砖铺设前在椽子上面和插入墙体部分刷桐油两遍； 笆砖规格205 mm×140 mm×23 mm，润水后刷批灰线，按横平竖直依次铺设
	封檐	前后檐	小五层坡口檐
	山墙	封山 披水	封山为5层斗砖博风，砌筑灰浆（白灰：草木灰=100：2）； 披水大麻刀灰抹制（石灰：麻刀：草木灰=100：3：2），适量润水后压实5~7遍
	漫背	护板灰 漫大泥（泥背）千年灰	护板灰2 cm厚，白灰：大麻刀（5 cm）=100：5（重量比）； 漫大泥，3~5 cm厚，亚黏土（过筛）：白灰：麦糠=100：33：5（重量比）； 千年灰：白灰：大麻刀（5 cm）=100：5（重量比）
	屋顶	合瓦屋面、屋脊、脊兽	上瓦180 mm×130 mm×15 mm，陶土底瓦180 mm×190 mm×15 mm，坐瓦泥（石灰：过筛土=3：7），屋面边垄大镶垄，其余小镶垄。包口灰为小麻刀灰［石灰：小麻刀（3 cm）：草木灰=100：3：1］； 闭嘴卷尾兽； 两上两下大怀脊
	室内地面	方砖铺地	① 素土夯实； ② 3：7灰土垫层，夯实后厚度20 cm； ③ 300 mm方砖铺地，白石灰膏挤缝

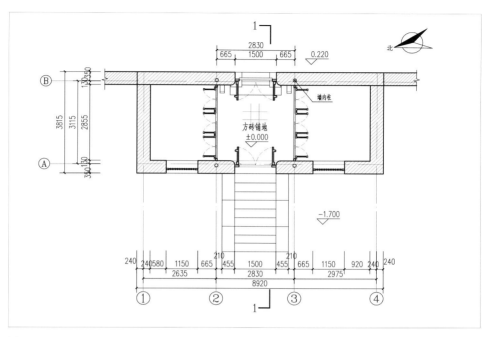

图 14-35　平面

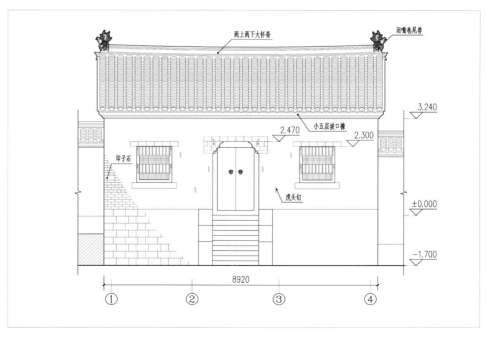

图 14-36　西立面

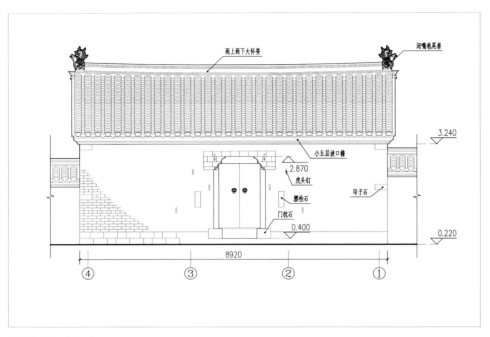

图 14-37 东立面

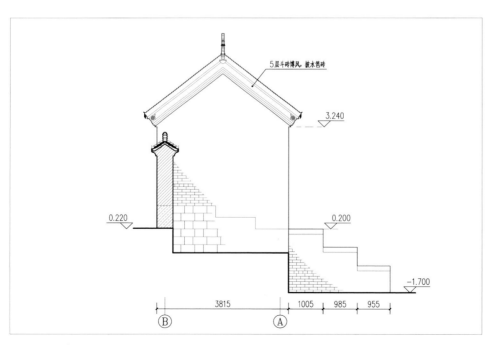

图 14-38 侧面

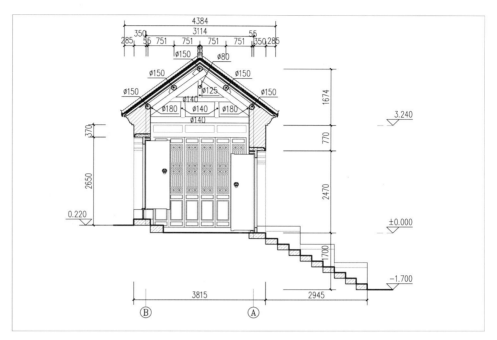

图 14-39　剖面

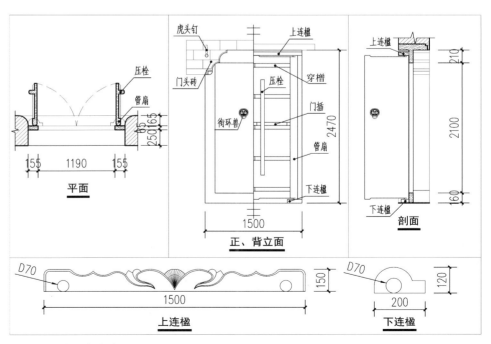

图 14-40　板门制作详图

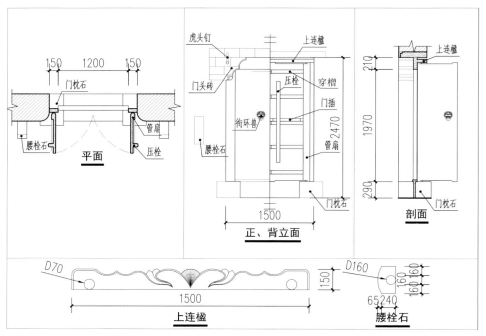

图 14-41 板门制作详图

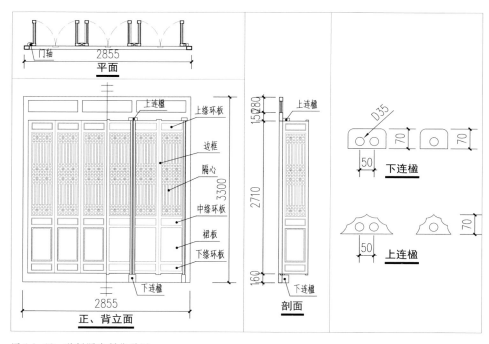

图 14-42 花棂隔扇制作详图

图 14-43　为解决山体落差设计建造的东过道房 10 级踏步

图 14-44　东过道房室内地坪低于亭子院两步台阶

图 14-45　东过道房隔扇

14.6 小南院东厢房

14.6.1 小南院东厢房简介

东厢房面阔三间，硬山，合瓦屋面，两上一下大怀脊，三层坡口檐，七顺一丁清水青砖墙，方正石墙，明间设木板门，两次间是九棱二穿的直棱窗。由于厢房不在中轴线上，其重要程度虽不及堂屋和厅堂，但是不同朝向的厢房也略有差别，一般是左上右下，所以小南院的东厢房等级高于其他院子的西厢房等级，在房高、尺度方面均有体现。

通过清理发现已凿平的山体平面为基础，石墙砌在岩石上。

14.6.2 小南院东厢房勘察设计复原修缮保护

小南院东厢房勘察设计复原一览见表 14-6 所示，小南院东厢房设计复原见图 14-46~图 14-51 所示，复原照片见图 14-52 所示。

表 14-6　小南院东厢房勘察设计复原一览表

建筑名称	部位	名称	勘察设计复原
小南院东厢房	基础	山体岩石凿平	保存较好
	面宽进深檐高	复原设计	通面宽8.38 m，进深3.2 m，通面宽是进深的2.61倍；明间面宽2.73 m，两次间面宽2.38 mm。明间是次间的1.14倍；檐高3.5 m
	石墙	料石	规格多为0.5 m×0.19 m×0.14 m料石，3∶7掺灰泥浆砌筑4皮，墙高0.82 m；每隔1~2顺石加一顶石；石料面满天星、雪花錾工艺，内用毛石衬里；大麻刀加草木灰抹小皮条缝（白灰∶麻刀∶黑烟子=100∶3∶3）
	踏步	青石制作	踏步和阶沿石共4步，长1.6 m，平均每步宽33 cm，高17 cm；面做正斜錾道（风摆柳）
	砖墙	双面清水墙	七顺一丁，26 cm×12.5 cm×5.8 cm青砖砌筑，耕缝，灰浆（石灰∶草木灰=100∶3）；衬里为碎砖石整齐摆放，泥浆砌筑
	门窗	门	双扇板门，门洞宽1.4 m，高2.51 m（宽高比例1∶1.79）；五穿一压工艺（五根穿槛，一根压栓）；门上安有衔环兽；见附图
		窗	门两侧为9棱2穿直棱窗，窗洞宽1.1 m，高1.3 m（宽高比例1∶1.18）；见附图 窗下有窗槛石，与墙同宽，长1.3 m，高14 cm；面做正斜錾道（风摆柳）；见附图
	墙内柱	柱高柱径收分抱头（侧脚）	柱高2.68 m；柱径Φ12 cm；自然收分，略有抱头（侧脚）
	屋架	重梁起架	一梁（大头Φ16 cm，小头Φ14 cm），二梁（大头Φ11 cm，小头Φ10 cm），叉手（大头Φ14 cm，小头Φ12 cm），站柱（大头Φ11 cm，小头Φ9 cm），脊柱（大头Φ10 cm，小头Φ8 cm），扯梁Φ6.5 cm（又称燕架）
	檩条	杉木	大头Φ14 cm，小头12 cm居多

续表

建筑名称	部位	名称	勘察设计复原
小南院东厢房	橡子笆砖	正身橡笆砖铺设	橡档23 cm，明间橡档居中； 半圆荷包橡，4 cm×6 cm； 笆砖铺设前在橡子上面和插入墙体部分刷桐油两遍； 笆砖规格225 mm×140 mm×23 mm，润水后刷批灰线，按横平竖直依次铺设
	封檐	前后墙	三层坡口檐
	山墙	封山披水	封山为3层斗砖博风，砌筑灰浆（白灰∶草木灰=100∶2）
			披水大麻刀灰抹制（石灰∶麻刀∶草木灰=100∶3∶2），适量润水后压实5~7遍
	漫背	护板灰漫大泥（泥背）千年灰	护板灰2 cm厚，白灰∶大麻刀（5 cm）=100∶5（重量比）； 漫大泥，3~5 cm厚，亚黏土（过筛）∶白灰∶麦糠=100∶33∶5（重量比）； 千年灰：白灰∶大麻刀（5 cm）=100∶5（重量比）
	屋顶	合瓦屋面、屋脊	上瓦180 mm×130 mm×15 mm，陶土底瓦180 mm×190 mm×15 mm，坐瓦泥（石灰∶过筛土=3∶7），屋面边垄大镶垄，其余小镶垄；包口灰为小麻刀灰［石灰∶小麻刀（3 cm）∶草木灰=100∶3∶1］； 两上一下大怀脊小做法（11 cm）
	室内地面	方砖铺地	① 素土夯实； ② 3∶7灰土垫层，夯实后厚度20 cm； ③ 300 mm方砖铺地，白石灰膏挤缝

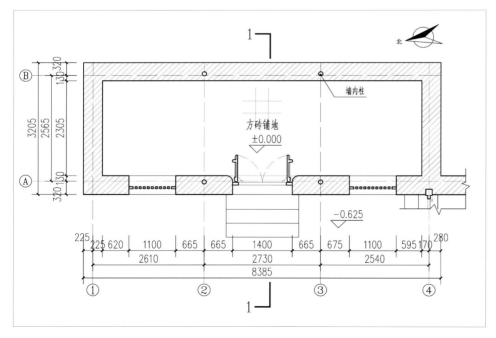

图14-46　平面

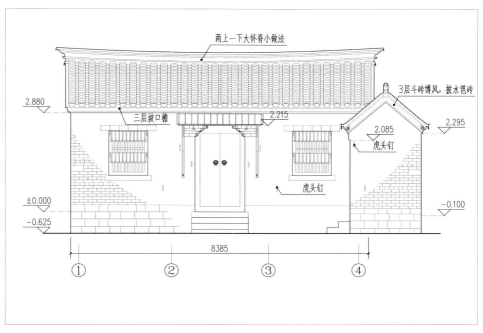

图 14-47　正立面

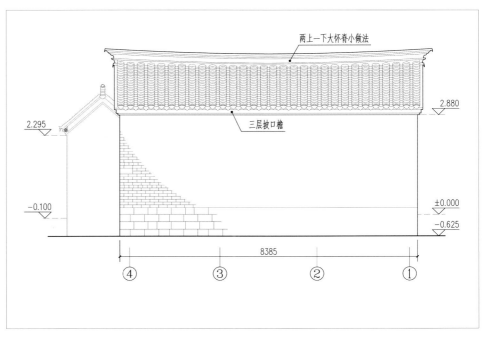

图 14-48　背立面

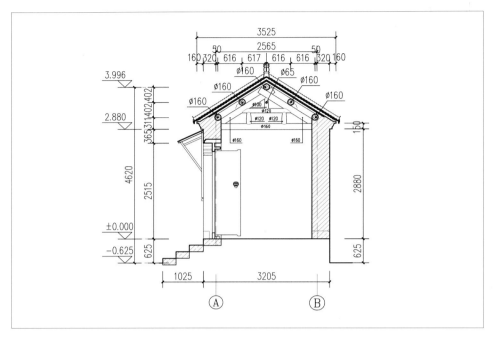

图 14-49　剖面

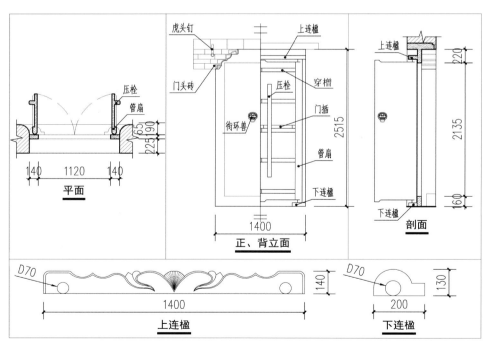

图 14-50　板门制作详图

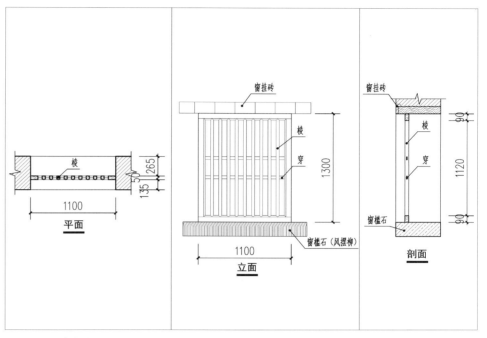

图 14-51　窗制作详图

图 14-52　小南院东厢房的一下二上大怀脊

14.7　小南院南廊房

14.7.1　小南院南廊房简介

　　小南院南廊房面阔两间，进深仅 2 m，东山墙与东厢房的山墙相接，硬山，合瓦屋面，一上一下大怀脊，三层坡口檐，七顺一丁清水砖墙，下端为方正石墙。南廊房正面两间安花棂门，门前三级踏步与南廊房总面阔同长。

　　廊是中国古建筑中有顶的通道，包括回廊和游廊，基本功能为遮阳、防雨和供人小憩。廊也是形成古建筑外形特点的重要组成部分，如墨缘阁的檐下的廊，作为室内外的过渡空间，是构成建筑物造型上虚实变化和韵律感的重要手段。小南院的南廊房、西廊房则对庭院空间的格局、体量的美化起重要作用，并能起到划分院落、引导最佳通行路线等作用。

14.7.2　小南院南廊房勘察设计复原修缮保护

　　小南院南廊房勘察设计复原一览见表 14-7 所示，小南院南廊房设计复原见图 14-53~图 14-55 所示，复原照片见图 14-56 所示。

表 14-7　小南院南廊房勘察设计复原一览表

建筑名称	部位	名称	勘察设计复原
小南院南廊房	基础	挖至原基础	重新整理加铺三七灰土垫层
		块石	地坪以下部分做放大脚基础10 cm；埋深0.6 m，两顺一丁砌法，掺灰泥砌筑（白灰：黏土=3：7）
	面宽 进深 檐高	复原设计	通面宽6.71 m，进深2 m，通面宽是进深的3.35倍；单间面宽2.9 m；檐高2.92 m
	石墙	料石	规格多为0.45 m×0.19 m×0.15 m料石，3：7掺灰泥浆砌筑4皮，墙高0.72 m；每隔1~2顺石加一顶石；石料面满天星、雪花錾工艺，内用毛石衬里；大麻刀加草木灰抹小皮条缝（白灰：麻刀：黑烟子=100：3：3）
	踏步	青石制作	踏步和阶沿石共3步，长度与面宽相同，平均每步宽32 cm，高17 cm；面做正斜錾道（风摆柳）
	砖墙	双面清水墙	七顺一丁，26 cm×12.5 cm×5.8 cm青砖砌筑，耪缝，灰浆（石灰：草木灰=100：3）；衬里为碎砖石整齐摆放，泥浆砌筑
	门	花棂门	门扇宽0.44 m，高2.03 m（宽高比例1：4.6）；见附图
	檐柱	柱高 柱径 收分 侧脚（抱头）	明间面宽2.3 m，柱高为2.54 m（明间面宽与柱高比例1：1.1）；柱径Φ17 cm，为柱高的7%；收分与抱头都为柱高的1%；柱础石Φ31 cm，高16 cm
	檐下装饰	雕花板	见附图
	后墙内柱	柱高 柱径 收分 抱头（侧脚）	柱高2.54 m；柱径Φ10 cm；自然收分；略有抱头（侧脚）

续表

建筑名称	部位	名称	勘察设计复原
小南院南廊房	屋架	重梁起架	一梁（大头 **Φ**12.5 cm，小头 **Φ**10.5 cm），二梁（大头 **Φ**10 cm，小头 **Φ**8 cm），叉手（大头 **Φ**11 cm，小头 **Φ**9 cm），站柱（大头 **Φ**10 cm，小头 **Φ**9 cm），脊柱（大头 **Φ**10 cm，小头 **Φ**9 cm）
	檩条	杉木	大头 **Φ**16 cm，小头 **Φ**14 cm 居多
	檐椽结构	正身椽、飞椽	出檐长度0.45 m；正身椽出29 cm，飞椽出16 cm；椽径4 cm×6 cm;飞椽头收分1 cm；椽档21 cm，明间椽档居中
		大连檐、小连檐	正身椽分线定好后，退1 cm定小连檐厚3 cm，铺托檐板至檐檩中线；飞椽退1 cm定大连檐厚8 cm，大连檐上铺拖泥板至飞椽尾部
		笆砖铺设	笆砖铺设前在椽子上面和插入墙体部分刷桐油两遍；笆砖规格205 mm×140 mm×23 mm，润水后刷批灰线，按横平竖直依次铺设
	封檐	前墙后墙	垛头上为三层坡口檐；三层坡口檐
	山墙	封山披水	封山为3层斗砖博风，砌筑灰浆（白灰：草木灰=100：2）；大麻刀灰抹制（石灰：麻刀：草木灰=100：3：2），适量润水后压实5~7遍
	漫背	护板灰漫大泥（泥背）千年灰	护板灰2 cm厚，白灰：大麻刀（5 cm）=100：5（重量比）；漫大泥，3~5 cm厚，亚黏土（过筛）：白灰：麦糠=100：33：5（重量比）；千年灰：白灰：大麻刀（5 cm）=100：5（重量比）
	屋顶	合瓦屋面、屋脊	上瓦180 mm×130 mm×15 mm，陶土底瓦180 mm×190 mm×15 mm，坐瓦泥（石灰：过筛土=3：7），屋面边垄大镶垄，其余小镶垄；包口灰为小麻刀灰［石灰：小麻刀（3 cm）：草木灰=100：3：1］；一上一下大杯脊小做法（10 cm）
	室内地面	方砖铺地	① 素土夯实；② 3：7灰土垫层，夯实后厚度20 cm；③ 300 mm方砖铺地，白石灰膏挤缝

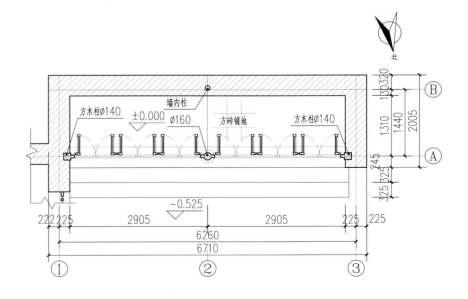

图 14-53　平面

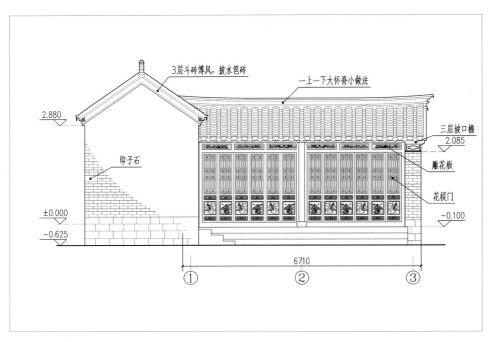

图 14-54 前立面

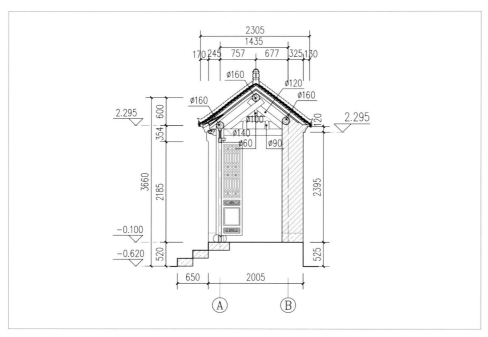

图 14-55 剖面

图14-56　小南院南廊房西山墙博风斗砖封檐

14.8　小南院西廊房

14.8.1　小南院西廊房简介

　　小南院西廊房，面阔三间，位于小南院的西侧，硬山，合瓦屋面，一上一下大怀脊，三层坡口檐，七顺一丁清水砖墙，下端为方正石墙。其后檐墙和山墙建在小南墙的院墙上，前檐明间为花棂门，次间安落地长窗，门前三级踏步与总面阔相同。

14.8.2　小南院西廊房勘察设计复原修缮保护

　　小南院西廊房勘察设计复原一览见表14-8所示，小南院西廊房设计复原见图14-57～图14-60所示，复原照片见图14-61所示。

表14-8　小南院西廊房勘察设计复原一览表

建筑名称	部位	名称	勘察设计复原
小南院西廊房	基础	东侧西侧	东侧挖至原基础；西侧挖至山体岩石上
		块石	地坪以下部分做放大脚基础10 cm；埋深0.6 m，两顺一丁砌法，掺灰泥砌筑（白灰∶黏土=3∶7）
	面宽进深檐高	复原设计	通面宽8.42 m，进深2.51 m，通面宽是进深的3.35倍；明间面宽2.64 m，两次间面宽2.44 mm；明间是次间的1.08倍；檐高3.18 m

建筑名称	部位	名称	勘察设计复原
	石墙	料石	规格多为0.44 m×0.3 m×0.14 m料石，3:7掺灰泥浆砌筑4皮，墙高0.34 m；每隔1~2顺石加一顶石；石料面满天星、雪花錾工艺，内用毛石衬里；大麻刀加草木灰抹小皮条缝（白灰：麻刀：黑烟子=100:3:3）
	踏步	青石制作	踏步和阶沿石共2步，长度与面宽相同，宽33 cm，高17 cm；面做正斜錾道（风摆柳）
	砖墙	双面清水墙	七顺一丁，砌筑灰浆，耕缝（石灰：草木灰=100:3）；衬里为碎砖石整齐摆放，泥浆砌筑
	门窗	花棂门与落地窗	门扇宽0.44 m，高2.03 m（宽高比例1:4.6）；见附图
小南院西廊房	檐柱	柱高 柱径 收分 侧脚（抱头）	明间面宽2.3 m，柱高为2.54 m（明间面宽与柱高比例1:1.1）； 柱径Φ16 cm，为柱高的5%； 收分与抱头都为柱高的1%； 柱础石Φ31 cm，高16 cm
	檐下装饰	雕花板	见附图
	墙内柱	柱高 柱径 收分 抱头（侧脚）	柱高2.54 m； 柱径Φ10 cm； 自然收分， 略有抱头（侧脚）
	屋架	重梁起架	一梁（大头Φ15 cm，小头Φ13 cm），二梁（大头Φ11 cm，小头Φ9 cm），叉手（大头Φ12 cm，小头Φ10 cm），站柱（大头Φ11 cm，小头Φ9 cm），脊柱（大头Φ9 cm，小头Φ7 cm），扯梁Φ5 cm（又称燕架）
	檩条	杉木	大头Φ13 cm，小头Φ11 cm
	檐椽结构	正身椽、飞椽	出檐长度0.5 m；正身椽出33 cm；飞椽出17 cm；椽径4 cm×6 cm；飞椽头收分1 cm； 椽档23 cm，明间椽档居中
		大连檐、小连檐	正身椽分线定好后，退1 cm定小连檐厚3 cm，铺托檐板至檐檩中线；飞椽退1 cm定大连檐厚8 cm，大连檐上铺拖泥板至飞椽尾部
		笆砖铺设	铺设前在椽子上面和插入墙体部分刷桐油两遍；规格205 mm×140 mm×23 mm，润水后刷批灰线，按横平竖直依次铺设
	封檐	前墙 后墙	垛头上三层坡口檐； 三层坡口檐
	山墙	封山 披水	封山为3层斗砖博风，砌筑灰浆（白灰：草木灰=100:2）；大麻刀灰抹制（石灰：麻刀：草木灰=100:3:2），适量润水后压实5~7遍
	漫背	护板灰 漫大泥（泥背）千年灰	护板灰2 cm厚，白灰：大麻刀（5 cm）=100:5（重量比）；漫大泥，3~5 cm厚，亚黏土（过筛）：白灰：麦糠=100:33:5（重量比）； 千年灰：白灰：大麻刀（5 cm）=100:5（重量比）
	屋顶	合瓦屋面 屋脊	上瓦180 mm×130 mm×15 mm，陶土底瓦180 mm×190 mm×15 mm，坐瓦泥（石灰：过筛土=3:7），屋面边垄大镶垄，其余小镶垄；包口灰为小麻刀灰，[石灰：小麻刀（3 cm）：草木灰=100:3:1]； 一上一下大怀脊小做法（10 cm）
	室内地面	方砖铺地	① 素土夯实； ② 3:7灰土垫层，夯实后厚度20 cm； ③ 300 mm方砖铺地，白石灰膏挤缝

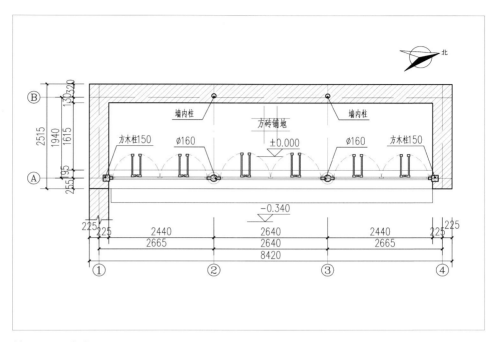

图 14-57　平面

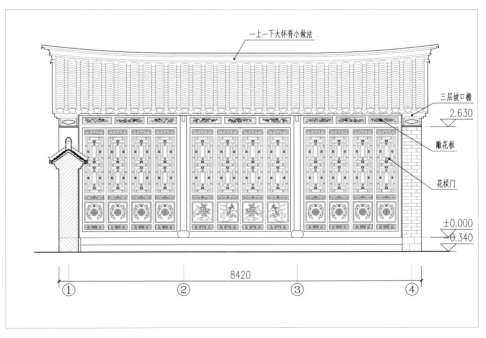

图 14-58　前立面

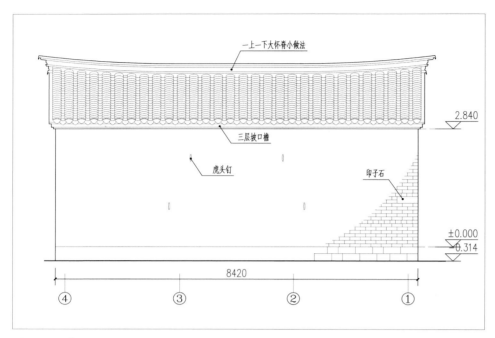

图 14-59　背立面

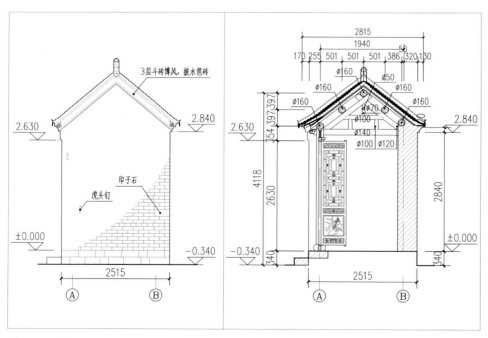

图 14-60　剖面

图 14-61 小南院西廊房正面

14.9 小南院堂屋

14.9.1 小南院堂屋简介

小南院堂屋面阔三间，硬山，合瓦屋面，五脊六兽，五层坡口檐，正脊为花板脊，两端安鱼尾兽。垂脊的三分之二处装饰垂脊兽，末端抹角挑向外弯出 45°，又高高翘起。屋面和脊、脊兽珠联璧合，形成本地区的特色风貌。明间檐口用插拱承托出檐，简洁优美，功能突出。七顺一丁清水青砖墙，下端为方整石墙。明间安双向木板门，次间前檐安九棱二穿直棱窗。门前台阶石料大于小院其他房屋踏步，给人以堂屋主房的感受。

基础东半部分在凿平的山体岩石上，西半部分下挖约 0.6 m 深发现老基础，按其面宽进深设计了檐高，按知情人提供的信息设计了门罩和屋顶。

14.9.2 小南院堂屋勘察设计复原修缮保护

小南院堂屋勘察设计复原一览见表 14-9 所示，小南院堂屋设计复原见图 14-62~图 14-67 所示，复原照片见图 14-68 所示。

表 14-9　小南院堂屋勘察设计复原一览表

建筑名称	部位	名称	勘察设计复原
小南院堂屋	原基础	东半部分 西半部分	东半部分坐山体岩石上； 西半部分下挖0.6 m深发现老基础
	面宽 进深 檐高	复原设计	通面宽8.75 m，进深4.97 m，通面宽是进深的1.76倍； 明间面宽2.76 m，两次间面宽2.53 mm。明间是次间的1.1倍； 檐高3.98 m
	石墙	料石	规格多为0.4 m×0.2 m×0.15 m料石，3∶7掺灰泥浆砌筑5皮，墙高1.03 m；每隔1~2顺石加一顶石；石料面满天星、雪花錾工艺，内用毛石衬里；大麻刀加草木灰抹小皮条缝（白灰∶麻刀∶黑烟子=100∶3∶3）
	踏步	青石制作	踏步和阶沿石共5步，长1.55 m，平均每步宽35 cm，高17 cm；面做正斜錾道（风摆柳）； 踏步两侧为砖砌酱台，宽41 cm；镇顶石厚14 cm，面做两遍剁斧
	砖墙	双面清水墙	七顺一丁，26 cm×12.5 cm×5.8 cm青砖，砌筑耕缝，灰浆（石灰∶草木灰=100∶3）；衬里为碎砖石整齐摆放，泥浆砌筑
	门窗	门	双扇板门，门洞宽1.4 m，高2.51 m（宽高比例1∶1.79）；五穿一压工艺（五根穿榫，一根压栓）；门上安有衔环兽； 见附图
		窗	门两侧为9棱2穿直棱窗，窗洞宽1.1 m，高1.3 m（宽高比例1∶1.18）；窗下有窗槛石，与墙同宽，长1.56 m，高20 cm；面做正斜錾道（风摆柳）； 见附图
	墙内柱	柱高 柱径 收分 抱头（侧脚）	柱高2.68 m； 柱径Φ12 cm； 自然收分， 略有抱头（侧脚）
	屋架	重梁起架	一梁（大头Φ20 cm，小头Φ18 cm），二梁（大头Φ15 cm，小头Φ13 cm），叉手（大头Φ16 cm，小头Φ14 cm），站柱（大头Φ13 cm，小头Φ11 cm），脊柱（大头Φ12 cm，小头Φ10 cm），扎梁Φ7 cm（又称燕架）
	檩条	杉木	大头Φ15 cm，小头Φ13 cm居多
	门罩结构	插拱	明间屋面长于两次间屋面，沿明间屋面顺坡而下，下用插拱承托；插拱后部插入墙内柱； 三出挑上安有挑梁头及厢拱，沿檐口方向安挑檐檩，檐檩两头装博风板
		正身椽、飞椽	出檐长度0.42 m。正身椽出27 cm，飞椽出15 cm。椽径5 cm×7 cm；飞椽头收分1 cm； 椽档23 cm，明间椽档居中
		大连檐、小连檐	正身椽分线定好后，退1 cm定小连檐厚3 cm，铺托檐板至檐檩中线；飞椽退1 cm定大连檐厚8 cm，大连檐上铺拖泥板至飞椽尾部
		笆砖铺设	铺设前在椽子上面和插入墙体部分刷桐油两遍； 规格225 mm×150 mm×23 mm，润水后刷批灰线，按横平竖直依次铺设；在屋面中部钉一根与笆砖同厚的蹬砖条，以防笆砖下滑
	封檐	南墙门罩两侧和后墙	大五层坡口檐
	山墙	封山 披水 山花、山云	封山为5层斗砖博风，砌筑灰浆（白灰∶草木灰=100∶2）； 披水为大麻刀灰抹制（石灰∶麻刀∶草木灰=100∶3∶2），适量润水后压实5~7遍； 山花牡丹花开砖塑； 山云白色小麻刀灰，抹制在山花周边，上部厚2 cm，过渡至下部厚5 cm，并和山花底部持平
	漫背	护板灰 漫大泥（泥背）千年灰	护板灰2 cm厚，白灰∶大麻刀（5 cm）=100∶5（重量比）； 漫大泥，3~5 cm厚，亚黏土（过筛）∶白灰∶麦糠=100∶33∶5（重量比）； 千年灰∶白灰∶大麻刀（5 cm）=100∶5（重量比）

建筑名称	部位	名称	勘察设计复原
小南院堂屋	屋顶	合瓦屋面、五脊六兽。	上瓦 180 mm×130 mm×15 mm，陶土底瓦 180 mm×190 mm×15 mm，坐瓦泥（石灰∶过筛土=3∶7）；小镶垄（石灰∶草木灰=100∶3）；包口灰为小麻刀灰［石灰∶小麻刀（3 cm）∶草木灰=100∶3∶1］；在花板正脊两头各安一个正兽，张嘴鱼尾兽，头向外；垂脊上安四个垂兽；见附图
	室内地面	方砖铺地	① 素土夯实；② 3∶7灰土垫层，夯实后厚度20 cm；③ 300 mm方砖铺地，白石灰膏挤缝

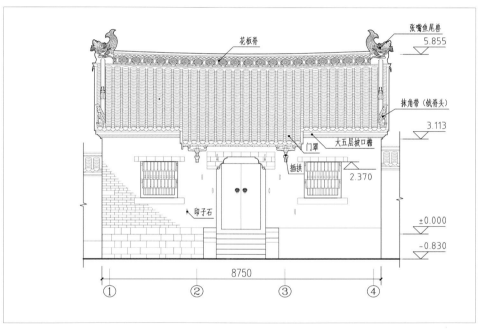

图 14-62　前立面

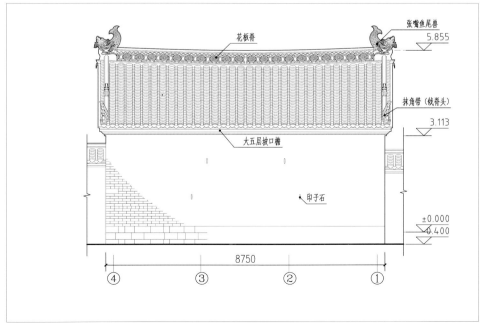

图 14-63　背立面

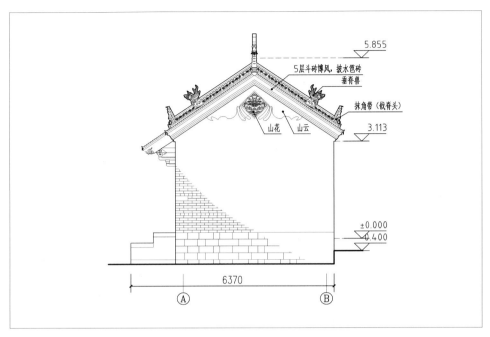

图 14-64　两山

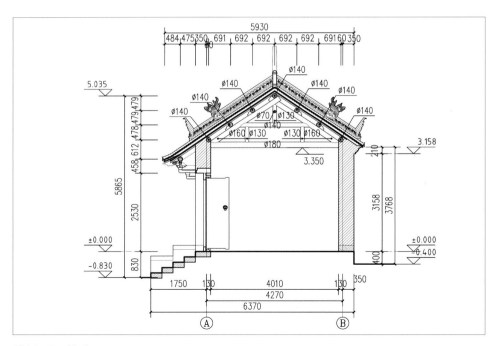

图 14-65　剖面

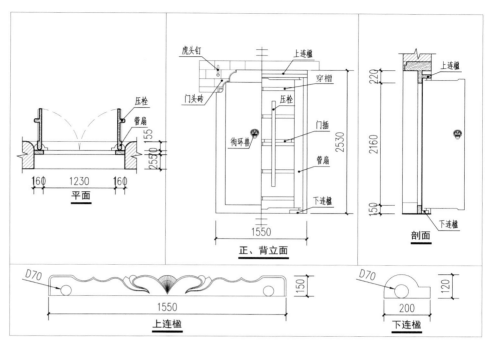

图 14-66　板门制作详图

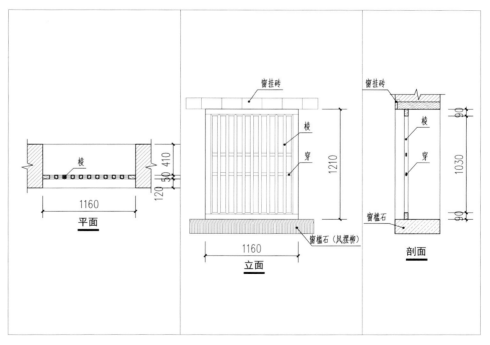

图 14-67　窗制作详图

图 14-68　小南院堂屋的七棂二穿直棂窗；空隙是手能进去，握拳出不来，其防盗意识明显

14.10　小南院随墙门楼

14.10.1　小南院随墙门楼简介

　　面阔一间，三檩悬山。合瓦屋面，花砖脊，两端安望天兽。在门上部墙体上水平安放的插拱砌入墙体内墙体砌至脊檩高度，然后安放脊檩，檐檩。

脊檩、檐檩分别挑出30 cm分钉椽子装博风板，其做法简单明了，兼顾木门保护和造型的美感。门洞安双面门板门，门开放时可联络通行，关闭时可分隔空间。

14.10.2 小南院随墙门楼勘察设计复原修缮保护

小南院随墙门楼勘察设计复原一览见表14-10所示，小南院随墙门楼设计复原见图14-69~图14-71所示，复原照片见图14-72~图14-74所示。

表14-10 小南院随墙门楼勘察设计复原一览表

建筑名称	部位	名称	勘察设计复原
小南院随墙门楼	基础	挖出原基础	基本保存
		块石	地坪以下部分做放大脚基础10 cm；埋深0.5 m，两顺一丁砌法，白灰砂浆砌筑（河砂：白灰=3：7）
	面宽	复原设计	通面宽3.47 m；檐高3.67 m，檐高是通面宽的1.05倍
	石墙	料石	规格多为0.5 m×0.18 m×0.15 m料石，3：7掺灰泥浆砌3皮，南侧墙高71 cm，北侧墙高40 cm；每隔1~2顺石加一顶石；石料面满天星、雪花錾工艺，内用毛石衬里；大麻刀加草木灰抹小皮条缝（白灰：麻刀：黑烟子=100：3：3）
	踏步	青石制作	南侧踏步和阶沿石共3步，长1.5 m，平均每步宽33 cm，高17 cm；面做正斜錾道（风摆柳）；北侧踏步为1步
	砖墙	双面清水墙	七顺一丁，26 cm×12.5 cm×5.8 cm青砖砌筑，耕缝，砌墙灰浆（石灰：草木灰=100：3）；衬里为碎砖石整齐摆放，泥浆砌筑
	门	双扇板门	门洞宽1.5 m，高2.47 m（宽高比例1：1.64）；五穿一压工艺（五根穿槽，一根压栓）；上有门连楹，下有门枕石和闸板；见附图
	门罩檐椽结构	插拱	插拱水平安放在墙体内；两侧三出挑上安有挑梁头及厢拱，沿檐口方向安挑檐檩，檐檩两头装博风板收口
		正身椽、飞椽	出檐长度0.47 m。正身椽出31 cm，飞椽出16 cm。椽径4 cm×6 cm；飞椽头收分1cm；椽档21 cm，明间椽档居中
		大连檐、小连檐	正身椽分线定好后，退1 cm定小连檐厚3 cm，铺托檐板至檐檩中线；飞椽退1 cm定大连檐厚8 cm，大连檐上铺拖泥板至飞椽尾部
		笆砖铺设	铺设前在椽子上面刷桐油两遍；规格205 mm×140 mm×23 mm，润水后刷批灰线，按横平竖直依次铺设
	漫背	护板灰 漫大泥（泥背） 千年灰	护板灰2 cm厚，白灰：大麻刀（5 cm）=100：5（重量比）；漫大泥，3~5 cm厚，亚黏土（过筛）：白灰：麦糠=100：33：5（重量比）；千年灰：白灰：大麻刀（5 cm）=100：5（重量比）
	屋顶	合瓦屋面、屋脊、脊兽	上瓦180 mm×130 mm×15 mm，陶土底瓦180 mm×190 mm×15 mm，坐瓦泥（石灰：过筛土=3：7）；屋面边垄大镶垄，其余小镶垄；包口灰为小麻刀灰［石灰：小麻刀（3 cm）：草木灰=100：3：1］
			小花板脊，张嘴望天兽，头向外；见附图

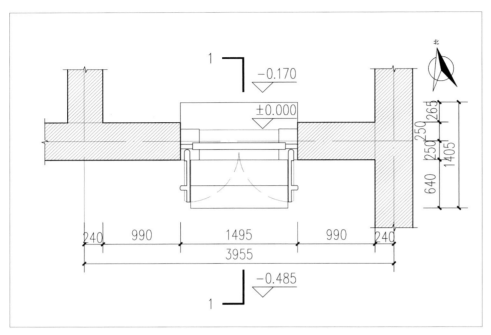

图 14-69　平面

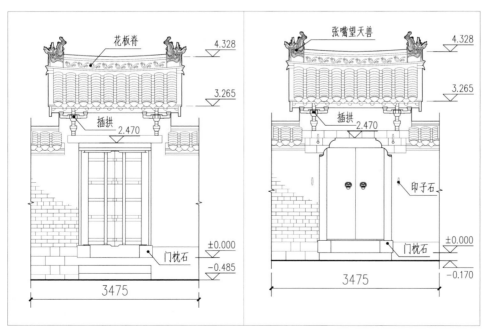

图 14-70　前后立面

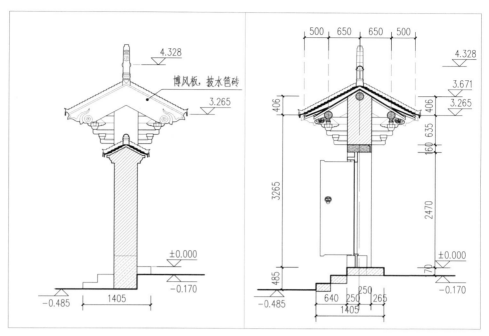

图 14-71　剖面

图 14-72　小南院地坪比亭子院地坪低 3 步台阶

图 14-73　通往小南院的随墙门楼

图 14-74　门楼上的望天兽和主房堂屋正脊兽上下呼应，营造了一种空间美

14.11　四角亭

14.11.1　四角亭简介

四角亭平面呈 3.04 m 正方形，檐柱四根，屋顶有四坡，四坡屋面相交形成四条垂脊，四条垂脊在顶部交汇成一点，形成攒尖，攒尖处安装宝顶。

四角亭基本构造是四根檐柱柱顶安四根箍头枋，形成框架式围合结构。搭交檐檩相交处做卡腰榫，四条檩子卡在一起，形成上架（柱子以上构架）的第一层框架式围合结构。在檐檩以上还有一圈搭交金檩，檩上安放"趴梁"和"抹角梁"，本工程由于屋面小、宝顶轻而选择"趴梁法"，即在沿金檩平面中轴线进深方面施长趴梁，长趴梁两端搭置在前后檐檩上，在面宽方向，施短趴梁，梁两端搭置在长趴梁上，这样，就在檐檩上面架起了井字形承接构架。其上再依次安装金枋、金檩等构件。在亭子的四个转角，分别沿 45° 方向安装角梁，形成转角部位的骨干构件，角梁以上安装子角梁，四根子角梁相交支撑悬空的雷公柱。檐檩下饰以双面透雕花板，花板下下安装花芽子，柱下部三面安放美人靠，西面三级石踏步登入亭内，其造型轻巧雅致。四角亭的建成对小院空间的格局变化和环境美化起着重要作用，解决了空间分配问题。在内客厅院至小南院、墨缘阁三个院落之间用四角亭院来分割，好比一篇文章中的"顿号"起到"停"的作用，使之有了节奏，达到了闹中取静的效果。有人说古民居是跳动的音符、立体的音乐，如果行走在亭子院，体现尤为充分。

按清理出的基础为依据，并与周边房屋的关系进行分析，确定四角亭体量大小，以面宽的比例确定檐高，进行复原设计。

14.11.2　四角亭勘察设计复原修缮保护

四角亭勘察设计复原一览见表 14-11 所示，四角亭设计复原见图 14-75~图 14-76 所示，复原照片见图 14-77~图 14-79 所示。

表 14-11　四角亭勘察设计复原一览表

建筑名称	部位	名称	勘察设计复原
四角亭	基础	原有基础	在山体上砌筑，高出山体部分打凿，低处用石块找平
	面宽	柱中-柱中	面宽2.41 m，柱高为2.83 m，面宽是柱高的85%
	石墙	料石	规格多为0.52 m×0.15 m×0.12 m料石，3∶7掺灰泥浆砌筑2皮，每隔1~2顺石加一顶石；石料面满天星、雪花錾工艺，内用毛石衬里；大麻刀加草木灰抹小皮条缝（白灰∶麻刀∶黑烟子=100∶3∶3）
	踏步	青石制作	踏步和阶沿石共3步，长1.2 m，平均每步宽32 cm，高18 cm；面做正斜錾道（风摆柳）
	美人靠	坐凳、靠背	靠背和木坐凳下有26 cm×12.5 cm×5.5 cm青砖砌筑4皮，灰浆（石灰∶草木灰=100∶3）；胳肢窝作为坐凳支撑

建筑名称	部位	名称	勘察设计复原
四角亭	檐柱	柱高 柱径 收分 侧脚（抱头）	面宽2.41 m，柱高2.83 m，（柱宽与柱高比例1：0.85）； 柱径Φ18 cm，为柱高的6%； 收分与抱头都为柱高的1%； 柱础石Φ28 cm，高20 cm
	屋面板 托泥板 檐椽 翼角 结构	冲五翘六	正身椽以椽子中线向外出5椽径0.2 m，翘6椽径0.25 m；逐步向翼角过渡衔接
		正身椽、飞椽	出檐长度0.6 m；正身椽出39 cm，飞椽出21 cm；椽径5 cm×5 cm； 飞椽头收分1 cm； 椽档21 cm，明间椽档居中
		屋面板、 托泥板	屋面板和托泥板用杉木厚2 cm，用于檐檩以下和翼角结合部等不规则处，便于铺设笆砖
		大连檐、 小连檐	正身椽分线定好后，退1 cm定小连檐厚3 cm，铺托檐板至檐檩中线；飞椽退1 cm定大连檐厚8 cm，大连檐上铺拖泥板至雷公柱
		笆砖铺设	铺设前在椽子上面刷桐油两遍； 规格205 mm×140 mm×23 mm，润水后刷批灰线，按横平竖直依次铺设；铺设位置在檐檩上至老角梁同宽处
	漫背	护板灰 漫大泥（泥背）千年灰	从下而上钉托泥板、屋面板，抹护板灰，漫大泥并找出亭子屋面举折造型，等到大泥干湿达到一定程度后做千年灰压实至少三遍以上，然后覆盖养护； 千年灰、护板灰都为2 cm厚，白灰：大麻刀（5 cm）=100：5（重量比）； 漫大泥，3~5 cm厚，亚黏土（过筛）：白灰：麦糠=100：33：5（重量比）； 千年灰：白灰：大麻刀（5 cm）=100：5（重量比）
	亭顶	合瓦亭面、宝顶与垂脊。	上瓦170 mm×130 mm×15 mm，陶土底瓦180 mm×190 mm×15 mm，坐瓦泥（石灰：过筛土=3：7），镶垄灰、包口灰为小麻刀灰［石灰：小麻刀（3 cm）：草木灰=100：3：1］； 宝顶，四条垂脊为一上一下大怀脊小做法（10 cm）
	室内地面	条砖铺地	① 素土夯实； ② 3：7灰土垫层，夯实后厚度20 cm； ③ 26 cm×12.5 cm×5.8 cm条砖环形铺地，白石灰膏勾缝

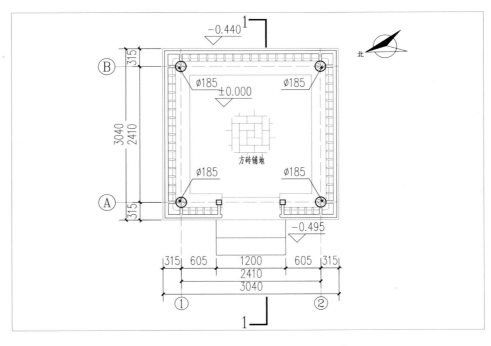

图 14-75　平面

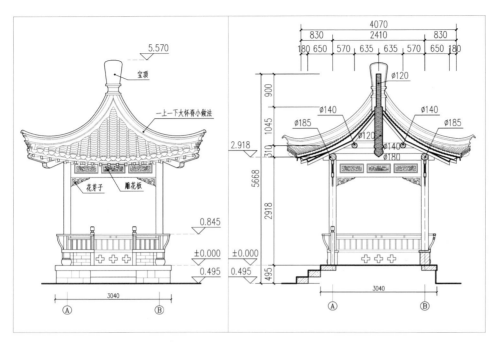

图 14-76　西立面与剖面

图 14-77　勘察挖掘中发现了四角亭的基础遗址，确定了四角亭的位置

图 14-78　亭子院低于内客厅院 5 步台阶约 90 cm

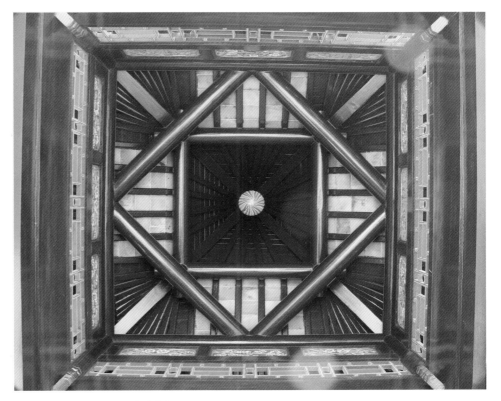

图 14-79　四角亭的内部木结构仰视

14.12　内客厅

在内客厅勘察设计过程中，通过清理发现了原基础和面宽进深遗存，进行了复原设计。

14.12.1　内客厅勘察设计复原修缮保护

内客厅勘察设计复原一览见表 14-12 所示，内客厅设计复原见图 14-80～图 14-85 所示，复原照片见图 14-86～图 14-92 所示。

表 14-12　内客厅勘察设计复原一览表

建筑名称	部位	名称	勘察设计复原
内客厅	基础	原有基础	清理发现了原有基础，保存较好
	面宽进深檐高	复原设计	通面宽8.74 m，进深6.49 m（含前廊），通面宽是进深的1.34倍；明间面宽2.91 m，两次间面宽2.43 mm；明间是次间的1.19倍；檐高3.51 m
	石墙	料石	规格多为0.52 m×0.15 m×0.2 m料石，3：7掺灰泥浆砌筑3皮，墙高0.57 m。每隔1~2顺石加一顶石；石料面满天星、雪花錾工艺，内用毛石衬里；大麻刀加草木灰抹小皮条缝（白灰：麻刀：黑烟子=100：3：3）
	踏步	青石制作	踏步和阶沿石共3步，长2.52 m，平均每步宽35 cm，高19 cm，面做正斜錾道（风摆柳）；踏步两侧安有垂带石，宽40 cm
	砖墙	双面清水墙	七顺一丁，26 cm×12.5 cm×5.8 cm青砖砌筑，耕缝，灰浆（石灰：草木灰=100：3）；衬里为碎砖石整齐摆放，泥浆砌筑；前廊的东西山墙加白缝砖、小堂子
	门	花棂门	明间门扇宽0.62 m，高2.58 m（宽高比例1：4.1）；次间门扇宽0.53 m，高2.58 m（宽高比例1：4.8）；门上安有雕花板，明间长79 cm，次间长66 cm；高24 cm；见附图
	檐下装饰	透雕花板	见附图
	檐柱	柱高柱径收分侧脚（抱头）	明间面宽2.91 m，柱高为3.31 m（明间面宽与柱高比例1：1.13）；柱径19 cm，为柱高的6%；收分与抱头都为柱高的1%；柱础石Φ32 cm，高18 cm
	后墙内柱	柱高柱径收分抱头（侧脚）	柱高3.87 m；收分Φ14 cm；自然收分；略有抱头（侧脚）
	前廊	月梁	徐州地方做法，见附图

建筑名称	部位	名称	勘察设计复原
内客厅	屋架	抬梁	一梁（Φ21 cm），二梁（Φ20 cm），三架梁（Φ18 cm），梁底雕花； 站柱（大头Φ22 cm，小头Φ20 cm）， 脊柱（大头Φ22 cm，小头Φ20 cm）， 脊柱上安有雕花老云头； 见附图
	檩条	杉木	大头Φ18 cm，小头Φ16 cm居多；檐檩Φ18 m
	檐椽结构	正身椽、飞椽	出檐长度0.55 m；正身椽出36 cm，飞椽出19 cm；椽径5 cm×7 cm；飞椽头收分1 cm； 椽档23 cm，明间椽档居中
		大连檐、小连檐	正身椽分线定好后，退1 cm定小连檐厚3 cm，铺托檐板至檐檩中线；飞椽退1 cm定大连檐厚8 cm，大连檐上铺拖泥板至飞椽尾部
		笆砖铺设	铺设前在椽子上面和插入墙体部分刷桐油两遍； 规格225 mm×150 mm×23 mm，润水后刷批灰线，按横平竖直依次铺设；在屋面中部钉一根与笆砖同厚的蹬砖条，以防止笆砖下滑
	封檐	前墙 后墙	前墙垛头砖雕上封大五层坡口檐； 后墙封大五层坡口檐
	山墙	封山、山花、山云	封山为5层斗砖博风，毛头排山； 山花双狮起舞砖塑； 山云白色小麻刀灰，抹制在山花周边，上部厚2 cm，过渡至下部厚5 cm，并和山花底部持平
	漫背	护板灰 漫大泥（泥背）千年灰	护板灰2 cm厚，白灰：大麻刀（5 cm）=100：5（重量比）； 漫大泥，3~5 cm厚，亚黏土（过筛）：白灰：麦糠=100：33：5（重量比）； 千年灰：白灰：大麻刀（5 cm）=100：5（重量比）
	屋顶	合瓦屋面、五脊六兽。	上瓦180 mm×130 mm×15 mm，陶土底瓦180 mm×190 mm×15 mm，坐瓦泥（石灰：过筛土=3：7）；小镶垄（石灰：草木灰=100：3）。包口灰为小麻刀灰［石灰：小麻刀（3 cm）：草木灰=100：3：1］； 在花板正脊两头各安一个正兽（头向外），垂脊上安四个垂兽； 见附图
	室内地面	方砖铺地	① 素土夯实； ② 3：7灰土垫层，夯实后厚度20 cm； ③ 400 mm方砖菱形铺地，白石灰膏挤缝

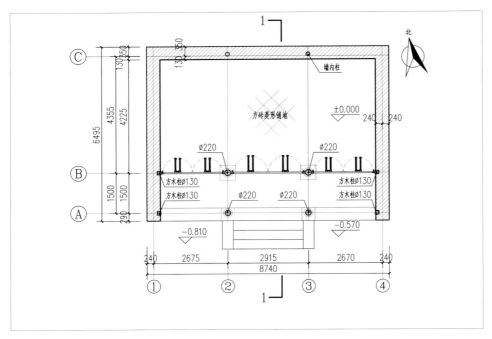

图 14-80 平面

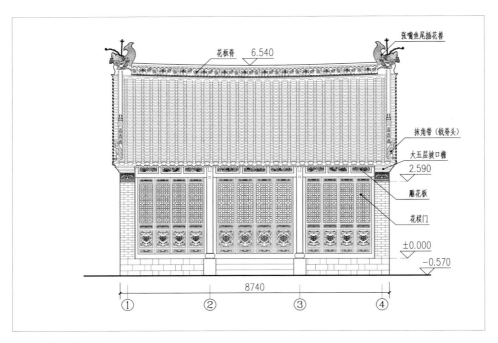

图 14-81 正立面

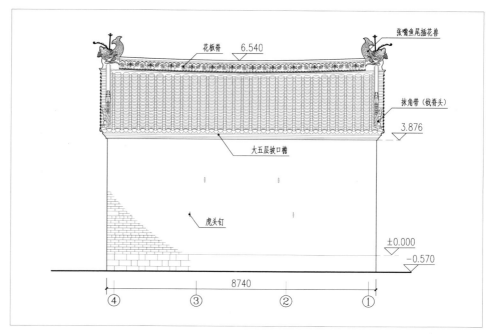

图 14-82　背立面

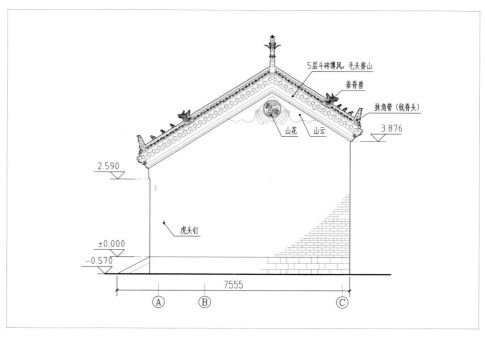

图 14-83　两山

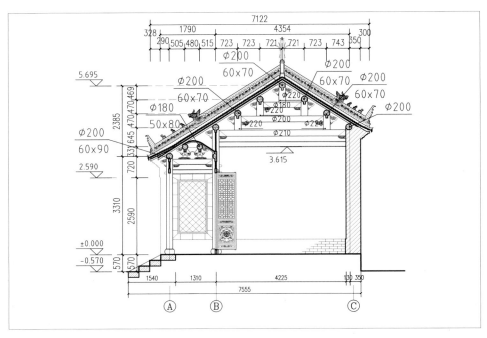

图 14-84　剖面

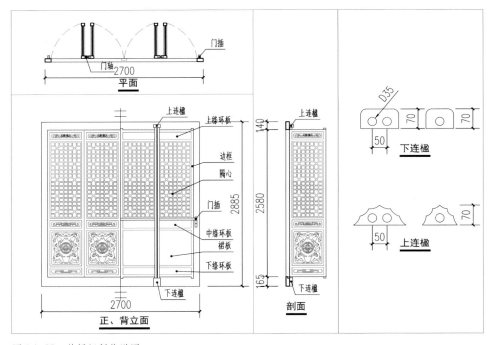

图 14-85　花棂门制作详图

图14-86 在勘察设计阶段挖掘出内客厅石基础

图14-87　内客厅垛子梁（抬梁）上的老云头木雕

图14-88　内客厅抬梁下和金柱结合处安装的老疙瘩（雀替）

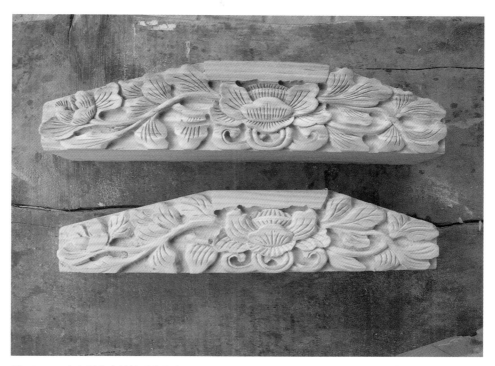

图 14-89　内客厅前廊月梁下的坐木

图 14-90　内客厅檐口各构件油饰后的效果

图 14-91　油饰后的前廊月梁等构件仰视

图 14-92　内客厅的室内地坪方砖铺设、柱顶石、磨砖砌筑的白缝砖墙裙和用麻刀灰粉刷的内墙面

　　注：所有建筑复原设计图根据非遗技艺和原有建筑形制、规律模数和知情人描述设计。

　　木材品种：

　　柱、梁、枋、檩、椽等构件采用杉木。

　　斗拱、门、窗、木隔断采用红松，门窗木过梁使用硬杂木，墙内柱为细小杉木。

　　含水率应不低于 15%，不高于 20%。

　　油漆部分见本书第 11 章"徐州传统油饰彩画"。

　　虎头钉、印子石分布情况见复原设计图。虎头钉为红炉打造，内有弯钩钉进墙内、柱内；印子石两皮砖厚与墙体同宽。

附录一：车村帮张氏著名匠师族谱

以下均摘自张氏族谱（手抄影印件）：

张氏建筑世家壮大史

张氏三杰建筑事业发展壮大史

8

建成后，县政府又没有生住过去，最后
终于来来捷孙本案山，由本村和
邻集两部建筑队伍会手施工，很快使
编山县政府往徐州案山搬根。
由于祖父培养为人忠厚老实，讲
信誉，重质量，取得了不，县政府经
导和经委建设部门的充分信任，所
以不，县的很多工程都支怜张培
本建筑队伍或与兄弟联合承接。
张培本所收徒弟为胡兆来，陈明俊、
陈明书、杨天金、王德海、建筑队伍的其8
张久教子一九四九年接张领导。

7

当不是像条承接资历。

张培本简历

张培本十世公老祥的长子，一八八九
年生承接祖业乐填建筑营生，后因祖
种本村马头桥属窗的土地，而搬家到
邻集镇属窗村居住。本村的建筑由老
二李培检领导，北边的施工不大量由老
大统领。施工不根据工程大小，採取有价
有偿的政策。
抗日战争胜利之后，铜涿县政府决定
建烈士祠和辅助建筑，队伍由老二培检
挑帅，老大老三快助，用了三年时间，工程
才全部完工。(现为邻集中学校址。)
铜涿县政府洛残邻集，工程由张培
本领导的建筑队伍施工。县政府建成后，
又因缺以迁建，接着又案南大街去建，

10

胡佳绥　施爱兰　施廷海　李成金
刘玉文　胡佳本　胡佳会　王德会
王春枝　辈士明　龚祖 选

张培俭的徒弟辈士明代表徐州市
建筑公司,陪师徐建公司去参联苏加建
筑方面的大比武,一个半小时的便垄
包达24的楼面,创达了最高纪录.其他
徒弟也多为技术高手和级导骨干。

9

张培俭简历

张培俭 (1890~　　) 张芸祥之次子,
他天姿聪颖,技艺精湛.处事沉稳,风度翩翩,
在工人中很有威信.抓日既事继父后,铜净里技
有技巧,建到熟练施工,历练三年,
圆满完成。

云徐州市成立徐州市建筑合作社,由他担任
住建筑联合作社社长,组织建设铜箱量具厂加,湘新
棉布仓,在铜净里库,育里,湘银和徐州市场内进行复
兴土建施工,可惜,就床他大展才华,为圆家建设
力量之际,却因两埭早逝,去世时才45岁.

张培俭去世后,询其弟张培控礼接替他
的级多联务,化悲痛为力量,继续级多着心
台经员工施工.

张培俭长有长子早逝实为圆家培养了
不少建筑骨干:

徐俭:张久新 (培俭长子)
　　　张久振 (培俭次子)

徒弟:杜天杨　胡佳绍　陈久化

12

续表： 胡传峰 蒋志俊 袁兆臣
李兆石 高来长 项文华 胡传勇
胡传雷 高兴蓉 胡传罗 项立武
胡传顺 范瑰昌 胡传师 张作桥
张作文 郭士明 修函夫 胡光蓉
胡了群 张义胜

家传： 张义华 张义顺 张兴康
张培讼也为围发培养建筑人才做
出了很大贡献。

张培恭、张义俭、张培让被
誉为徐州地区建筑事业方面的
张氏三杰，为张姓争得了无限
荣光。

11

张 培 讼 简 历

张培俭去世后，由其弟张培讼执掌
徐州市建筑合作社的帅印，后改名为
徐州市建筑公司——简称徐建公司。徐
建公司的领导和骨干基本上都是华村胡
连的。除了上面提到的胡士明，还有胡
先春创造了8小时砌造1500块砖的纪录。
徐建公司在张培讼的领导下又有了很大
发展，张培讼的徒弟胡传峰当上了徐州县
(建筑公司经理)，孟云侣担任到集建筑连
姆姆维系，还有很多人担任了建筑连姆的
帮。因此到建两乡被徐州市、邻国小县
认采为建筑之乡，张氏家族被誉为建筑世
家。
张培讼为围发培养了很像人才：
张传 张义泽（培讼长子）
录传 张久伍（培讼次子）

14

把拖拉机站、郑集粮管所、铜山县水利局、溶湖农场、飞机场、马坡乡政府、溶湖农场粮食大仓、九里山煤库、尚庄煤矿、郑集医院、徐州烟厂、尚庄煤矿、郑集礼堂、大黄山矿、煤矿、张集矿、郑集礼堂、徐州市务喊剧场、徐州火柴厂、三堡乡政府等等。

张久敬自己没文化，但他极重视乡下孩子们的文化教育。徐州刚解放，他便在邻居村同高天荣、时荣苏杨罔弟一起出面组织，聘请杜房教师张世宏给收录3年讲课，后仁请祖来要为老师给高年级学生上外语。邻居小学部就是由政府云派老师办学的型，后来起来6，他区缘房给他来盖这成立起来6，他区缘房给他来盖这动把建材，云照照大材。

13

张久敬简历

张久敬（1908~1981）十一世公 因其父张培领导建筑施工作。他聪明能干，清廉正直，讲信誉、重质量，因此很受政府部门和被他干事人的信任，市县，乡的工程大部都愿由他验收等的建筑队承接。由于他心地善良，接受委团照承建的工务工网，此也很受门徒，多来们的敬重。他拖川约20多年，可谓足迹遍徐州，门徒布市县，下方同，为徐州市铜山县的建设做出了突出的贡献，因此，在他去世后，徐州市约多个单位的领导，铜山县基建局和郑集公社等领导前来悼念工作，工人几百人前来书念。

继张久敬领导下进行施工的单位有：郑集中学、大黄中学、夹河中学、棠张中学、张集中学、郑集中心小学、郑新中学、刘集中学、茅村中学、房村邮电局、铜集棉花加工厂、八一煤矿...

16

陈克玉　祖露堂　吴新安　杨佳明
时吉民　刘承平　程兆吉　吴正君
胡丁登　朱延发　朱光明　代元豪
代元义　袁敏社　朱开庭　朱开杰
朱开祠　夏长春　蔡忠学　张本学
付德顺　付德波　傅德才

郑集乡成立建筑生产合作社时，张
人敬出任该建筑生产合作社社长，直
至退休。

15

张人敬还热心本村的文化生活，每
年收割刘季平和年末年节请地方戏班
或民间艺人到村子里演唱，活跃
乡间生活。老百姓子孙很象优忧民
品德，都受到过包括、杨汉将、运
飞等历史人物、忠良、说德的熏陶。
张人敬来看望代楼两村经常故
所住老桔桔的穷人和耕作困难的
农户，有几家农产经常受到他的帮助。
张人敬不仅是建筑巧匠，也是优秀的
织布能手，还是能编草鞋和打毛线的
富手，称得上乡间能人。

张人敬培养的门徒有：

家传：张兴旺（长孙之四子）、张兴月（二子）
　　　张兴信

徒弟：朱开勋　陈荒举　陈荒坤

18

在此期间还盖本、县委派来到外省市的许多楼。如黑龙江省大兴安岭林区宿舍楼，云南省宜良县某本县某县汤池河大桥，（施工大半时间），山东省宿舍楼等本。上海本溪本等教学楼等。（四年后才回到徐州。）

因于张兴胜更不愿意做本地的过硬而全面的技术和退休年龄，仍被公司聘请为监理工程师。级导岗哨阅、考试，具有本省级级的监理资质。他任大所小学教学楼的监理工程师时，全都被评为全优工程，还被评为本省优良大工程，进技术为第一，在第三、第七名。涡阳被评为先进单位。这些都做出了实此为监理部门也被评为先进单位，同别人共同领导的成绩。

建筑工程有：
市农业局宿舍楼，徐州大眼镜厂房，徐州市可农业办公大学宿舍楼，徐州市毛巾厂厂房，徐州市堤北小学教学楼。
贸沃电力宿舍楼、徐州市农机械厂厂房、徐州小学校、徐州市农机械厂教学楼。

17

张兴胜简历

张兴胜（一九四五年生），张大破第四子，郑集中学初中毕业后，便跟父亲学建筑等，后因家人天资聪明又肯学苦，便于未达二十出头大破第一名，在校被提升为建筑队队长。

张兴胜同志从业时间近六十年，直到七十二岁才主动提出退休。在长期工作期间，他爱钻研施工技术，还任助理工程师、助理建筑经理、建筑工程师、工程队经理兼徐州市第二建筑公司副经理兼下属公司经理、安装工程队经理、屋面防水处队长、工程兼工区处长、铜山县屋面防水处处长等。

张兴胜一生干过上百个工程，被评为先进工作者。所干工程，十八个江苏省优良工程，两个被评为徐州市全优工程，另有十四个被评为徐州市优良工程。

19

宿舍楼、徐州市商业局办公楼、徐州市 茶厂厂房、矿务局食堂、烟厂厂房水电安装、九里山六幢大仓、化轻公司四幢仓库、新河煤矿北村南村宿舍、铜山县物资局办公楼、铜山县法院办公楼，铜山县卫生局办公楼。

市优良工程：铜山县扩建化肥厂、铜山县水利局宿舍楼、徐州市第六中学、徐州市铁三小学办公楼、铜山县电业局宿舍楼、徐州市庆路机厂厂房、徐州市 南新村八幢楼。

江苏省全优工程：徐州市棉麻公司宿舍楼。

外省、市建设工程：云南省宜良县汤池河大桥（第七工程队前去施工六年）。黑龙江省大庆市闹流区宿舍楼、法院办公楼，山东省枣庄六幢宿舍楼、茅村电厂。（吴天明工程队施工六年）上海市浦东新区教学楼（施工两年多时间。）

在任监理工程师期间先后在沛县高中教学楼工程、浦怡花园工程，斗山机械厂、三堡政府花园工程、张集镇民房迁建工程、宋楼镇工地、徐州雨润新城工程等负责现场监理工作，直到二〇一六年七十二岁时退休。

在江苏省建筑学院方圆监理公司任职期间，还担任现场实习教师一职。

在家乡每遇乡亲建房之时，都是有求必应，还热心助学，帮助考入大学的孩子解决学费，

20

资给十二名大学生交纳学费和出资支援云龙湖建设。

张兴胜在六十余年的从业生涯中，不仅自己虚心向接触的各政府部门领导学习管理经验，向专家学习专业技术知识，特别是徐州市建筑行业的四大元老——徐州建设局的陈总、徐州建筑处的陈总、铜山基建局的郭岩李高工、铜山县水利局刘总的指教，以及铜山县县局工程股的郑允吉、袁延鉴、杨长军、叶长怡、王光堂、刘焕敏等领导的大力支持与帮助，不断提高自己的领导能力和业务、技术水平，还特别重视培养建筑方面的人才。曾带领几十支建筑队，拥有五位高级工程师、八位工程师，多名技术员和管理人员，培养四到六级技术工人六百多人，收徒二十三个，为徐州地区培养建筑骨干和基本队伍做出了突出贡献，所在单位和张兴胜本人也连续十五年被评为市建筑行业先进。徐州市建筑行业曾号召一市六县学郑集（张氏建筑大本营），赞誉张家门徒遍徐淮。

张兴胜为人性格豪爽，行侠仗义而又热情待人和好酒不拘小节。在徐州地区算得上一位人物。

建筑排排长： 杨俊明　宋祥勋
满传银　晏天明　狄德东　陈淞照
赵志堂

高级工程师： 苗格联　邳兆恩
邓肇平　时世儒

关键师傅： 金渡娆　崔文著
岳家海　张兴月　魏家堡　宋　平

技术员： 熊祥文　吴天明
马子楼　逄淡文　时芒信
吴正德　张焦　金振安
华正永　晏学堂　（金会计员、材料员、安全员）。

真可谓人才济济，一应俱全，是一支能打大仗、胜仗的建筑队伍。

张兴胜阶所收门徒：
家德、张建（张继之子）。
徒弟：张东、张兆恩　汉正华　汉正建
季德永　李传忖　张春祥　衣代平　焦天武
张所付　吴锦村　陶兰敏　周世勋　吴严氏
李阿　房楹国　房肃竞　房继吝
张明礼　金振娆　陈泽宝

张兴胜率下领导张兴辉胄平：
房乃华　吕承敬　张兴月　赵修步
袁志玉　袁出坤　徐文秀　袁了春
周了胜　卜采坊　陈昌眠　属了春　关徒出
郭兆德　马慢　张久孩　关徒祥　张庆祥
张波　张思义　张本将　刘波鸣
郭米诗　逄浪峰　潘敬棠　陈昌圣
华浩新　天继团　代承萍　吴正督
关家义等。

张兴月简历

张兴月简历

23

张兴月简历

张兴月一九四七年出生，张友数之长子。中学毕业后在村里做电工满师后进入建筑队工作。他为人和善，处事稳重，办事有耐性，讲信誉，重质量，是建筑队伍的重要骨干。23岁时，便达瓦工技术五级。他先到贾汪矿区工地建矿业大学，随后去铜山县化肥厂工地，担任建筑队副队长之职。再此后，任徐州毛巾厂工地建筑队副队长、大玻璃厂工地建筑队副队长、徐州电子管厂工地建筑队正队长、徐州农业局宿舍楼工地建筑队副队长、铜山县烟草公司办公楼建筑队队长、电业局宿舍楼建筑队队长。

一九八〇年被铜山县建设局委派到南京金陵饭店支援三个月。

一九九二年到河北省石家庄药材公司担任甲方技术负责人、队长、甲方代表等职。

二〇〇八年在沛县监理公司任副经理和监理工程师。于二〇一七年谢绝公司挽留而正式退休。

24

在工作中，他培养了众多建筑骨干，为国家做出了很大贡献。这些弟子有张跃、李德言、权永德、刘世新、廖德文、魏成超、魏成道、汤学金、王存海、陈为银、张洪志、杜长建、汤守信、王同金、王同银、周广亮、周广安、尚发功、尚发银、尚发果、胡大会。

提供资料人　张友振
　　　　　　张兴胜
　　　　　　张兴月

整理人　　　张兴华

附录二：车村帮营造口诀

技艺口诀

序号	类型	口诀名称	内　容
1		总体放线定位	门无歪门、路无邪道；人少院大为一虚，门大院小为二虚，人少屋多为三虚（阴气重），门里窗外,门上窗下，大门偏阴，主房抢阳，阴阳调和人财旺
2	石作	干砌石墙	抓石如抓虎，连垒三层过子（顶石）墙不推自倒；三皮石墙七皮砖，里生外熟心不担（潮气上不来）
3		砖墙砌筑	下跟墙口上跟线，左角右楞大小面，砖浸八成，灰和七遍，砌出墙来金不换；瓦无二片，砖有三截，烂砖不烂墙
4		砖封檐	封檐不要怕，里子压好茬，里子压不好，檐子全豁了（掉下来）
6	瓦作	坐底瓦	"露三露四不露五"，即上下两块瓦叠压部分为40%~70%，底瓦杆长约18 cm
7		挂上瓦	"露二露三不露四"，即叠压部分为70%~80%，上瓦杆长（盖瓦的边长）约13 cm，也可根据瓦杆的长短和屋面的陡坡进行适当的调整
8		挂瓦分垄	底瓦坐中间，上瓦列两边（上瓦坐中为穿心箭），檐口要安牢，脑瓦填过半（脑瓦就是紧靠屋脊处且要插入屋脊的瓦，脑瓦要填入屋脊约三分之二长度），这四句话挂瓦时要特别注意
9		脊兽安装	家有功名张嘴兽，家无功名闭嘴兽，偏房倒座不安兽，主房堂屋安六兽。脊不淹兽尾
10		做梁用料	穷梁富叉手；椿子不当梁，楝子不打床，槐木服（做）大车，榆木作大梁
11		凿打榫眼	一打三晃，前打后跟，越打越深
12		学木工	三年斧头一年锛，刨子一生学不完
13		用锯	快锯不如纯斧，鞭打快牛，锯使两头，轻提条，缓刹锯，锯锯不跑空
14	木作	用刨	前要弓，后要绷，肩臂用力往前冲；刨子不栽头，栽头气死牛；长刨刨得叫，短刨刨得跳；刨子有角刨不光，凿子无角打不方
15		椽子分线安装	梁上不压椽，压椽为搅梁（良）；椽为双数，单数是为单椽（传）（人口不旺）
16		上梁、撒梁	摆贡品，放鞭炮，贴大红喜对（"上梁喜迎黄道日，竖柱正遇紫微星"等）、吉语（"姜太公在此，吉星高照"等）； 大梁安装前唱上梁歌："抬起大梁两头平，龙飞凤舞空中行，要问大梁哪里去，状元府里安老营"； 大梁安装完成后，安上脊檩，再唱撒梁歌："向上撒，敬天地；向下撒，求太平；室内撒，谢工匠；周围撒，喜众邻"等； 唱歌的同时撒点红点的馒头、喜糖、水果等

序号	类型	口诀名称	内　容		
17	土作	挑土墙	一茬高，二茬矮，三茬叉子往上甩，三尖土坯往上摆，墙倒三遍给砖不换		
18	苫草	苫草屋	三分苫屋，七分顺草，屋面厚薄，看草说话，檐要收紧，废要压住，7年不刮，8年不漏（一般草屋7～8年修一次）		
19	新打夯歌	乡村振兴、绿色生态	夯有木夯和石夯两种； 打夯歌可随时根据周边发生的人和事编唱，内容可随时更换；也可反复演唱		
			领夯人：梅花大桩打起来	众人：嗨哟	
			领夯人：振兴乡村干起来	众人：嗨哟	
			领夯人：美丽乡村建起来	众人：嗨哟	
			领夯人：一夯一夯打起来	众人：哎嗨~嗨哟，美丽乡村建起来呀	
			领夯人：绿色生态建起来	众人：嗨哟	
			领夯人：低碳节能盖起来	众人：嗨哟	
			领夯人：特色技艺传下来	众人：嗨哟	
			领夯人：一夯一夯打起来	众人：哎嗨~嗨哟，特色技艺传下来呀	
			领夯人：楚风汉韵留下来	众人：嗨哟	
			领夯人：地方特色保下来	众人：嗨哟	
			领夯人：绿水青山美起来	众人：嗨哟	
			领夯人：一夯一夯打起来	众人：哎嗨~嗨哟，绿水青山美起来呀	
			领夯人：科学种田兴起来	众人：嗨哟	
			领夯人：金山银山堆起来	众人：嗨哟	
			领夯人：人民生活好起来	众人：嗨哟	
			领夯人：一夯一夯打起来	众人：哎嗨~嗨哟，人民生活好起来呀	

后记

　　《车村帮与徐州传统营造技艺》一书终于可以付梓，四年来作者和诸多朋友的种种辛劳可以告一段落。作者孙统义父子作为车村帮的传人，做出了巨大的贡献，年近八十的孙统义不断地回忆起当年他的师傅教他的口诀，充实到书稿中使车村帮的历史形象日益丰满，而已届壮年的孙继鼎则是本书众多图纸的绘制人。经办具体事宜的高晋祥同志则在紧张的工作之余不断操劳，寻找照片和其他史料，使书稿日臻完美，并为出版事宜不断奔波，孙统义的诸多弟子门生也为本书的出版提供了各种支持。考虑到内在的逻辑关系，我对原书稿做了章节和文字的调整，形成如今呈现出来的样貌。

　　随着工业社会和后工业社会的急速到来，那些过去曾被视为落后的传统营造技艺如今已经成为绝学并成为文化遗产，包括车村帮在内的江苏传统营造技艺所蕴含的历史信息及其价值正日益获得重视，车村帮技艺不仅仅是徐州和淮海地区传统营造技艺的缩影，其若干概念和技法还显示了更为久远的传统，是中华民族建筑文化血脉的重要构成，能为此奉献，大家都无比欣慰。

朱光亚

2024 年 6 月 12 日